SITZUNGSBERICHTE DER DEUTSCHEN AKADEMIE
DER WISSENSCHAFTEN ZU BERLIN

Klasse für Mathematik und allgemeine Naturwissenschaften
Jahrgang 1954 Nr. 5

HANS ERTEL

EIN NEUES WIRBEL-THEOREM DER HYDRODYNAMIK

1955

AKADEMIE-VERLAG · BERLIN

Vorgelegt in der Gesamtsitzung vom 25. November 1954
Zum Druck genehmigt am gleichen Tage, ausgegeben am 20. April 1955

Erschienen im Akademie-Verlag GmbH., Berlin W 8, Mohrenstraße 39
Veröffentlicht unter der Lizenznummer 1218
des Amtes für Literatur und Verlagswesen der Deutschen Demokratischen Republik
Satz und Druck der Buchdruckerei F. Mitzlaff KG., Rudolstadt/Thür. V/14/7 - (1239)
Bestell- und Verlagsnummer 2010/54/I/5
Preis: DM 1,–
Printed in Germany

Inhaltsübersicht

I. Einleitung

Wird die Bewegung einer kompressiblen Flüssigkeit relativ zur rotierenden Erde durch die hydrodynamische Vektorgleichung

$$(1)\quad \frac{\partial \vec{v}}{\partial t} + \operatorname{grad}\left(\frac{v^2}{2}\right) - \vec{v} \times (\operatorname{rot} \vec{v} + 2\vec{\omega}) = -\operatorname{grad} \Phi - \sigma \cdot \operatorname{grad} p$$

beschrieben, in der bedeuten:

$\vec{v}$ = Geschwindigkeitsvektor relativ zur Erde,
v = Absolutbetrag des Geschwindigkeitsvektors,
$\vec{\omega}$ = konstanter Drehvektor der Erdrotation,
Φ = Schwerepotential,
σ = spezifisches Volumen (= reziproke Dichte ϱ),
p = Druck,

so ist die zeitliche Änderung der Zirkulation relativ zur Erde

$$(2)\quad \frac{D}{Dt} \oint v_s \, ds = \frac{D}{Dt} \iint \operatorname{rot}_n \vec{v} \, dF$$

einer substantiellen, mit der Strömung bewegten, geschlossenen Kurve (Linienelement derselben = ds) bzw. des Wirbelflusses durch jede materielle Fläche (Flächenelement derselben = dF, $\vec{n}$ = positive Normale), welche die geschlossene materielle Kurve zur Randkurve hat, nach dem Zirkulationssatz von V. Bjerknes [Lit. (1—3)] durch die Gleichung

$$(3)\quad \frac{D}{Dt} \left(\oint v_s \, ds + 2\omega F_{(\omega)}\right) = N(p, \sigma)$$

bestimmt, in der

$$F_\omega = \iint \cos(\vec{n}, \vec{\omega})\, dF \tag{4}$$

die Projektion der Fläche $\iint dF$ auf eine beliebige Breitenkreisebene (z. B. Äquatorebene) und

$$N(p,\sigma) = \iint (\operatorname{grad} p \times \operatorname{grad} \sigma)_n\, dF \tag{5}$$

die Anzahl der die Fläche $\iint dF$ durchsetzenden isobar-isosteren Einheitssolenoide darstellt.

Führt man den absoluten Wirbel

$$\vec{\xi} = \operatorname{rot} \vec{v} + 2\,\vec{\omega} \tag{6}$$

ein, für dessen Fluß durch $\iint dF$

$$\iint \xi_n\, dF = \oint v_s\, ds + 2\,\omega\, F_\omega \tag{7}$$

gilt, so kann der V. BJERKNESsche Zirkulationssatz

$$\frac{D}{Dt}\iint \xi_n\, dF = \iint (\operatorname{grad} p \times \operatorname{grad} \sigma)_n\, dF \tag{8}$$

geschrieben werden. Der die zeitliche Änderung des Flusses $\iint a_n\, dF$ eines Vektors $\vec{a}$ durch eine materielle, mit der Strömung bewegte Fläche $\iint dF$ ausdrückende Operator $\frac{D}{Dt}$ bedeutet explizit die Rechenoperation

$$\frac{D}{Dt}\iint a_n\, dF = \iint \left\{ \frac{\partial \vec{a}}{\partial t} + \operatorname{rot}(\vec{a} \times \vec{v}) + \vec{v} \cdot \operatorname{div}(\vec{a}) \right\}_n dF \tag{9}$$

[Lit. (4, 5)], die für $\vec{a} = \vec{\xi}$ mit $\operatorname{div}(\vec{\xi}) \equiv 0$ sofort den V. BJERKNESschen Zirkulationssatz (8) liefert, indem durch rot-Bildung der Gleichung (1) mit Rücksicht auf (6) die Gleichung

$$\frac{\partial \vec{\xi}}{\partial t} + \operatorname{rot}(\vec{\xi} \times \vec{v}) = \operatorname{grad} p \times \operatorname{grad} \sigma \tag{10}$$

resultiert.

Das hier abzuleitende Wirbel-Theorem unterscheidet sich vom V. BJERKNESschen Zirkulationssatz dadurch, daß an Stelle des Flusses des Wirbelvektors $\iint \xi_n \, dF$ durch eine materielle Fläche der allgemeinere Fluß $\iint \psi \, \xi_n \, dF$ betrachtet wird, in dem ψ eine skalare Funktion $\psi(x, y, z, t)$ der Raumkoordinaten (x, y, z) und der Zeit (t) bedeutet.

II. Entwicklung des neuen Wirbel-Theorems

Wir multiplizieren die Gleichung (10) mit ψ:

$$\psi \cdot \frac{\partial \vec{\xi}}{\partial t} + \psi \cdot \operatorname{rot} (\vec{\xi} \times \vec{v}) = \psi \cdot (\operatorname{grad} p \times \operatorname{grad} \sigma) \tag{11}$$

und erhalten daraus wegen

$$\psi \cdot \operatorname{rot} (\vec{\xi} \times \vec{v}) = \operatorname{rot} (\psi \vec{\xi} \times \vec{v}) + \operatorname{grad} \psi \times (\vec{v} \times \vec{\xi}) \tag{12}$$

sowie

$$\operatorname{grad} \psi \times (\vec{v} \times \vec{\xi}) = \vec{v} \cdot (\vec{\xi} \operatorname{grad} \psi) - \vec{\xi} \cdot (\vec{v} \operatorname{grad} \psi) \tag{13}$$

zunächst:

$$\left\{ \begin{aligned} \psi \frac{\partial \vec{\xi}}{\partial t} &+ \operatorname{rot} (\psi \vec{\xi} \times \vec{v}) + \vec{v} \cdot (\vec{\xi} \operatorname{grad} \psi) \\ &- \vec{\xi} \cdot (\vec{v} \operatorname{grad} \psi) = \psi \cdot (\operatorname{grad} p \times \operatorname{grad} \sigma) . \end{aligned} \right. \tag{14}$$

Schreiben wir nun

$$\psi \frac{\partial \vec{\xi}}{\partial t} = \frac{\partial (\psi \vec{\xi})}{\partial t} - \vec{\xi} \frac{\partial \psi}{\partial t} \tag{15}$$

und führen den EULERschen substantiellen Differentialoperator

$$\frac{d}{dt} = \frac{\partial}{\partial t} + \vec{v} \operatorname{grad} \tag{16}$$

ein, so resultiert, wenn wir noch

$$\vec{\xi} \operatorname{grad} \psi = \operatorname{div} (\psi \vec{\xi}) \tag{17}$$

beachten $(\mathrm{div}\,(\vec{\xi}) \equiv 0)$, aus (14) die Gleichung:

$$
(18)\quad \left\{ \begin{aligned} &\frac{\partial(\psi\vec{\xi})}{\partial t} + \mathrm{rot}\,(\psi\vec{\xi}\times\vec{v}) + \vec{v}\cdot\mathrm{div}\,(\psi\vec{\xi}) \\ &\qquad\qquad - \vec{\xi}\,\frac{d\psi}{dt} = \psi\cdot(\mathrm{grad}\,p\times\mathrm{grad}\,\sigma). \end{aligned} \right.
$$

Ist nun n die Normale des Flächenelements einer nicht geschlossenen materiellen Fläche $\iint dF$, so folgt aus (18):

$$
(19)\quad \left\{ \begin{aligned} &\iint\left\{\frac{\partial(\psi\vec{\xi})}{\partial t} + \mathrm{rot}\,(\psi\vec{\xi}\times\vec{v}) + \vec{v}\cdot\mathrm{div}\,(\psi\vec{\xi})\right\}_n dF \\ &\qquad - \iint\xi_n\,\frac{d\psi}{dt}\,dF = \iint\psi\cdot(\mathrm{grad}\,p\times\mathrm{grad}\,\sigma)_n\,dF \end{aligned} \right.
$$

und damit nach (9):

$$
(20)\quad \boxed{\frac{D}{Dt}\iint\psi\,\xi_n\,dF - \iint\xi_n\,\frac{d\psi}{dt}\,dF = \iint\psi\cdot(\mathrm{grad}\,p\times\mathrm{grad}\,\sigma)_n\,dF,}
$$

welche Gleichung das neue Wirbel-Theorem darstellt, das somit aus der hydrodynamischen Vektorgleichung (1) unter Einführung einer spezialisierbaren Skalarfunktion ψ abgeleitet ist.

III. Spezialfälle

Aus dem Wirbel-Theorem (20) lassen sich also Spezialfälle dadurch ableiten, daß man die skalare Funktion ψ spezialisiert; auch kann die offene Fläche $\iint dF$ zu einer geschlossenen gemacht werden.

Beispiele:

a) Der V. BJERKNESsche Zirkulationssatz (8) ergibt sich als Spezialfall des Wirbel-Theorems (20) für

$$
(21)\qquad \psi = \mathrm{const.}
$$

b) Wir wählen

(22) $$\psi = T^{-1} \cdot \left(\frac{p}{P}\right)^{\frac{\varkappa-1}{\varkappa}} = \Theta^{-1}$$

(Θ = potentielle Temperatur, P = Normaldruck, $\varkappa = c_p/c_v$) und nehmen adiabatische Strömung an:

(23) $$\frac{d\Theta}{dt} = 0 .$$

Aus (20) folgt dann zunächst:

(24) $$\frac{D}{Dt}\iint \frac{\xi_n}{\Theta}\, dF = \iint \Theta^{-1} \cdot (\operatorname{grad} p \times \operatorname{grad} \sigma)_n\, dF.$$

Die rechte Seite dieser Gleichung kann aber als Fluß eines solenoidalen Vektors geschrieben werden, denn es ist nach der Zustandsgleichung idealer Gase ($p\sigma = RT$, $R = c_p - c_v$ = Gaskonstante, T = absolute Temperatur):

(25) $$\Theta = \frac{P^{\frac{\varkappa-1}{\varkappa}}}{R} \cdot p^{\frac{1}{\varkappa}} \cdot \sigma$$

und somit:

(26) $$\Theta^{-1} \cdot (\operatorname{grad} p \times \operatorname{grad} \sigma) = \operatorname{grad} \left(\frac{p}{P}\right)^{\frac{\varkappa-1}{\varkappa}} \times \operatorname{grad} (c_p \ln \sigma) ,$$

also

(27) $$\frac{D}{Dt}\iint \frac{\xi_n}{\Theta}\, dF = \iint \left\{\operatorname{grad} \left(\frac{p}{P}\right)^{\frac{\varkappa-1}{\varkappa}} \times \operatorname{grad} (c_p \ln \sigma)\right\}_n dF$$

(ln = log nat) mit dem solenoidalen Vektor

(28) $$\operatorname{grad} \left(\frac{p}{P}\right)^{\frac{\varkappa-1}{\varkappa}} \times \operatorname{grad} (c_p \ln \sigma) = \operatorname{grad} \left(\frac{1}{\Theta}\right) \times \operatorname{grad} (c_p T).$$

Auch die Wahl $\psi = \Theta$ (statt $\psi = \Theta^{-1}$) ergibt für die rechte Seite der Gleichung (20) den Fluß eines solenoidalen Vektors.

c) Allgemein gilt

$$\frac{D}{Dt}\iint J\cdot\xi_n\,dF=\iint\{\operatorname{grad}\alpha(p)\times\operatorname{grad}\beta(\sigma)\}_n\,dF \tag{29}$$

für jede hydrodynamische Invariante $J\left[\frac{dJ}{dt}=0\right]$, welche sich in der Form

$$J=\frac{d\alpha(p)}{dp}\cdot\frac{d\beta(\sigma)}{d\sigma} \tag{30}$$

darstellen läßt (z. B. die polytrope Temperatur bei polytropen Zustandsänderungen).

Wählt man im Wirbel-Theorem (20) für $\iint dF$ eine geschlossene Fläche $S=\iint dS$, die das Volumen $V=\iiint dV$ umschließt, so resultiert, da die Anwendung des GAUSSschen Integralsatzes die rechte Seite in

$$\left\{\begin{aligned}&\iint\psi\cdot(\operatorname{grad}p\times\operatorname{grad}\sigma)_n\,dS\\&=\iiint(\operatorname{grad}p\times\operatorname{grad}\sigma)\cdot\operatorname{grad}\psi\,dV=N(p,\sigma,\psi)\end{aligned}\right. \tag{31}$$

transformiert, die Gleichung

$$\frac{D}{Dt}\iint\psi\,\xi_n\,dS-\iint\xi_n\,\frac{d\psi}{dt}\,dS=N(p,\sigma,\psi), \tag{32}$$

welche die Integralform des vom Autor im Jahre 1942 abgeleiteten Wirbelsatzes darstellt [Lit. (6)], wobei $N(p,\sigma,\psi)$ die Anzahl der im Volumen V enthaltenen (p,σ,ψ)-Einheitszellen bedeutet. Andererseits kann das Wirbel-Theorem (20) als die Verallgemeinerung der Gleichung (32) für den Fall einer nicht geschlossenen Integrationsfläche aufgefaßt werden.

IV. Zusammenfassung

Es wird ein hydrodynamisches Wirbel-Theorem in Form einer mit den Grundgleichungen der Hydrodynamik kompressibler Flüssigkeiten kompatiblen Rechenvorschrift entwickelt, nach welcher integrale Wirbelsätze, z. B. der Bjerknessche Zirkulationssatz, in einfacher Weise durch Spezialisierung einer skalaren Funktion ableitbar sind.

Literaturnachweise

[1] V. Bjerknes, Über einen hydrodynamischen Zirkulationssatz und seine Anwendung auf die Mechanik der Atmosphäre und des Weltmeeres. Kongl. Svenska Vetenskapsakad. Handl. **31** (1908). — Das dynamische Prinzip der Zirkulationsbewegungen in der Atmosphäre. Meteorol. Zeitschr. **1900,** 97—106. — Zirkulation relativ zu der Erde. Ebenda **1902,** 96—108.

[2] V. Bjerknes und Mitarbeiter, Physikalische Hydrodynamik. Berlin **1933,** 146.

[3] J. Holmboe, G. F. Forsythe and W. Gustin, Dynamic Meteorology. New York and London **1945,** 295—318.

[4] E. Madelung, Die mathematischen Hilfsmittel des Physikers. 4. Aufl. Berlin-Göttingen-Heidelberg **1950,** 203.

[5] R. Gans, Vector Analysis with Applications to Physics. London and Glasgow **1950,** 59—60.

[6] H. Ertel, Über hydrodynamische Wirbelsätze. Physikal. Zeitschr. **1942,** 526—529.

Bei Fragen zur Produktsicherheit wenden Sie sich bitte an:
If you have any questions regarding product safety,
please contact:

Walter de Gruyter GmbH
Genthiner Straße 13
10785 Berlin
productsafety@degruyterbrill.com

Proportionen des Zeitaufwandes der sozialistischen Gesellschaft im Gesamtprozeß ihrer Reproduktion in der DDR

Forschungsberichte

herausgegeben vom
Zentralinstitut für Wirtschaftswissenschaften
der Akademie der Wissenschaften der DDR
Direktor Prof. Dr. habil. Wolfgang Heinrichs

Nr. 37

ERHARD GANS
SIEGFRIED LIEBE

Proportionen des Zeitaufwandes der sozialistischen Gesellschaft im Gesamtprozeß ihrer Reproduktion in der DDR

AKADEMIE-VERLAG · BERLIN 1982

Wissenschaftlicher Redakteur:
Dipl. oec. Christa Pietzsch

Erschienen im Akademie-Verlag, DDR-1080 Berlin, Leipziger Str. 3—4

Lizenznummer: 202 · 100/36/82
Umschlag: Rolf Kunze
Gesamtherstellung: VEB Druckerei „Thomas Müntzer",
5820 Bad Langensalza
Bestellnummer: 754 000 4 (2163/37) · LSV 0325
Printed in GDR
DDR 8,50 M

Inhaltsverzeichnis

Einleitung

Die zielstrebige und konsequente Verwirklichung der Politik der Hauptaufgabe verlangt besonders unter den komplizierteren Reproduktionsbedingungen ein hohes Entwicklungstempo der sozialistischen Produktion, die Steigerung der Effektivität des gesamten Reproduktionsprozesses, die beschleunigte Umsetzung und Nutzung der modernsten Erkenntnisse des wissenschaftlich-technischen Fortschritts in die Praxis sowie ein erhöhtes Wachstum der gesellschaftlichen Arbeitsproduktivität. Nur auf diesen Grundlagen können das materielle und geistig-kulturelle Lebensniveau aller Mitglieder der sozialistischen Gesellschaft weiter erhöht und damit die Vorzüge des Sozialismus für das Wohl des Volkes auch weiterhin spürbarer werden.

Der Prozeß des effektivsten Einsatzes aller Mittel und Ressourcen schließt in zeitlicher Hinsicht eine ständige bewußt aufrechterhaltene Proportionalität ein und vertieft die Dringlichkeit zur allseitigen Durchsetzung der Ökonomie der Zeit. Das bedeutet, daß die der Gesellschaft zur Verfügung stehende Ressource Zeit kongruent mit der Entwicklung der gesellschaftlichen Bedürfnisse in effektivster Weise verteilt und verwendet wird. Berührt werden hierbei solche grundlegenden Proportionen wie zwischen Arbeitszeit und arbeitsfreier Zeit, arbeitsfreier Zeit und Freizeit, Mehrarbeitszeit und arbeitsfreier Zeit, zwischen den Zeitaufwendungen für die Befriedigung einzelner Bedürfniskomplexe, aber auch innerhalb der Bedürfniskomplexe die zeitlichen Relationen für Produktion, Zirkulation und Konsumtion. Diese wichtigen funktionalen Bestandteile des gesellschaftlichen Zeitfonds sind eng mit der einheitlich durchzuführenden Wirtschafts- und Sozialpolitik verbunden, fördern den Zusammenhang zwischen ökonomischer Rationalität, Persönlichkeitsentwicklung und gesellschaftlichem Fortschritt.

So bestimmt die Produktivität der gesellschaftlichen Arbeit während der Arbeitszeit der Werktätigen des produzierenden Bereichs der Volkswirtschaft objektiv die Möglichkeiten und die Qualität für das Wirksamwerden der nichtproduzierenden Bereiche und schafft die realen Voraussetzungen für den Grad der außerhalb der Arbeitszeit zu befriedigenden Bedürfnisse der Bevölkerung. Die Effektivität der Arbeitszeit begründet mit ihren ökonomischen Voraussetzungen eine dem Sozialismus angemessene, seinen jeweiligen Bedingungen entsprechende Verwendung der arbeitsfreien Zeit. Diese wird unter den heutigen Anforderungen der wissenschaftlich-technischen Revolution und ihrer organischen Verbindung mit den Vorzügen des Sozialismus in zunehmendem Maße mit entscheidend dafür, ob und wie der Mensch im gesellschaftlichen Arbeitsprozeß wirkt, mit welchen Fähigkeiten und welcher Produktivkraft er den Erfordernissen des Arbeitsprozesses gerecht werden kann und wie er seine Rolle als Hauptproduktivkraft und Persönlichkeit in der Gesellschaft verwirklicht. Zeitökonomische Untersuchungen über die Gestaltung der arbeitsfreien Zeit im Zusammenhang mit der Effektivität der Arbeitszeit sind daher für die sozialistische Gesellschaft von ökonomischer und sozialer Bedeutung. Die Untersuchung der konkreten zeitlichen Bedingungen, unter denen sich das gesellschaftliche und persönliche Leben der Menschen vollzieht, vereint ökonomische und soziale Belange der materiellen Produktion, der nichtproduzierenden Bereiche und der privaten Haushalte sowie der Arbeitszeit und der arbeitsfreien Zeit. Gleichzeitig verkörpert die dabei zur Anwendung gelangende Nutzung marxistisch-leninistischer Zeitkategorien und Zeitbegriffe einschließlich der entsprechenden Erfassungs- und Berechnungsmethoden zur zeitspezifischen Analyse des gesellschaftlichen Reproduktionsprozesses eine neue Qualität gegenüber der herkömmlichen Auswertung von Daten der Zeitverwendung.[1]

In der vorliegenden Analyse werden die von der gesamten Bevölkerung der DDR im Laufe eines Jahres zur Befriedigung ihrer Bedürfnisse aufgewendeten Arbeiten und Tätigkeiten im gesellschaftlichen Arbeitsprozeß und gleichermaßen im übrigen Lebensprozeß in Zeiteinheiten quantifiziert zum Ausdruck gebracht. Hieraus ergibt sich ein Überblick, in welchen Proportionen im Reproduktionsprozeß der Gesellschaft für die einzelnen, zu Komplexen aggregierten Bedürfnisse, seien es materielle oder geistige, produktive oder unproduktive, Arbeitszeit und arbeitsfreie Zeit für die Produktion, Zirkulation und Konsumtion der Güter und Leistungen gebunden sind.

Die Arbeit knüpft mit ihren auf neue Art möglichen Erkenntnisfortschritten über den Reproduktionsprozeß an Arbeiten zur Meßfunktion der Zeit für gesellschaftliche Prozesse und Erscheinungen an. Sie unterscheidet sich von diesen aber dadurch, daß die Problematik der zeitlichen Ökonomisierung des ganzen Reproduktionsprozesses bisher in der Regel nur auf bestimmte Seiten beschränkt blieb und nicht im Gesamtzusammenhang untersucht wurde. Bereits Anfang der zwanziger Jahre führte der bekannte sowjetische Ökonom Strumilin mit Hilfe von Daten der Zeitverwendung Untersuchungen über die Arbeits- und Lebensweise der Sowjetbürger durch. Auch spätere Arbeiten anderer Autoren dienten dem quantifizierbaren Nachweis der Durchsetzung der Ökonomie der Zeit und als Instrumentarium für eine bedürfnisgerechte Ausrichtung des Reproduktionsprozesses der sozialistischen Gesellschaft.[2] Für Koziolek sind Analysen der gesellschaftlichen Zeitverwendung gleichfalls ein Weg für den Nachweis der Wirksamkeit von Einrichtungen der Infrastruktur, ein Instrument, wie die Menschen ihr Leben in Form von Tätigkeiten gestalten und wie sich darin bestimmte Seiten der sich in der DDR entwickelnden sozialistischen Lebensweise ausdrücken.[3]

Auch sei darauf verwiesen, daß neben den bereits erwähnten Abgrenzungen für die Aussagekraft zeitökonomischer Untersuchungen des gesamtgesellschaftlichen Reproduktionsprozesses durch die zwar durchgängige und kommensurable, aber nur quantitative Erfassung der Zeitaufwendungen der Forschungsbericht als ein tragfähiger Versuch verstanden werden soll, mit dem vorgelegten Material und der Interpretation der Daten einen möglichen Verfahrensweg zur ökonomischen Untersuchung des Reproduktionsprozesses in seiner Gesamtheit darzustellen. Die Arbeit soll die wissenschaftliche Diskussion zu diesen Fragen beleben, den weiteren Forschungen auf diesem Gebiet Anregungen vermitteln und beitragen, die Instrumentarien der volkswirtschaftlichen Gesamtrechnung zu ergänzen. Für die langfristige Planung soll damit eine zusätzliche Informationsquelle für die weitere Gestaltung der Arbeits- und Lebensbedingungen der entwickelten sozialistischen Gesellschaft im Sinne einer effektiven Ökonomie der Zeit erschlossen werden.

1. Die Totalität des Zyklus Produktion-Distribution-Zirkulation-Konsumtion des gesamtgesellschaftlichen Reproduktionsprozesses als Gegenstand zeitökonomischer Untersuchungen

1.1. Zeitersparnis und zweckmäßige Zeiteinteilung im gesamten Reproduktionsprozeß

Es gehört zum Wesen der gesellschaftlichen Produktion im Sozialismus, daß die Bedürfnisse der Gesellschaft Ausgangspunkt und Zielgröße der planmäßigen Gestaltung ihrer Reproduktion sind. In dem Maße, wie die dialektische Einheit von Ziel und Mittel der sozialistischen Produktion von den assoziierten Produzenten beherrscht und der Stoffwechsel des Menschen mit der Natur von ihnen rationell geregelt wird, können Niveau und Grad der Befriedigung der materiellen und kulturellen Bedürfnisse bei der weiteren Gestaltung der entwickelten sozialistischen Gesellschaft wachsen. Auch unter den gegenwärtigen veränderten Reproduktionsbedingungen in der DDR macht die Partei der Arbeiterklasse keine Abstriche von der beschlossenen langfristigen strategischen Orientierung, die Wirtschafts- und Sozialpolitik kontinuierlich in ihrer Einheit durchzuführen. Doch der Spielraum für die weitere Erhöhung des materiellen und kulturellen Lebensniveaus, der Freiheitsgrad für die Sozialpolitik sind durch Quantität und Qualität des real verfügbaren Endprodukts begrenzt. Die weitere Steigerung der ökonomischen Leistungskraft der DDR ist daher zur zentralen Frage geworden und die weitgehende Ausschöpfung aller Möglichkeiten hierfür in neuen Größenordnungen zum Dreh- und Angelpunkt der gesellschaftlichen Entwicklung. Die hocheffektive Nutzung und bedürfnisgerechte Verteilung der gesellschaftlichen Gesamtarbeit und die beständig aufrechtzuerhaltende Proportionalität zwischen den Arbeits-, Produkt- und Bedürfnismassen gewinnen unter diesen Bedingungen zusätzlich an Bedeutung.

Die weitere Vergrößerung der Effektivität der gesellschaftlichen Arbeit insgesamt verkörpert dabei die Grundlage für den weiteren wirtschaftlichen und sozialen Fortschritt. Davon wird nicht nur die im produzierenden Bereich der

Volkswirtschaft geleistete Arbeit betroffen. Auch für die Zweige der nichtproduzierenden Bereiche wird im Hinblick auf die Allgemeinheit der Arbeit sowie auf den zunehmenden schöpferischen Charakter und das steigende qualitative Niveau der Arbeit die Intensivierung zur vorherrschenden Form der erweiterten Reproduktion. Selbst die Prozesse der Konsumtion als Ziel und Zweck der Produktion erhalten durch die zunehmende Verflechtung ökonomischer und sozialer Belange, durch die engere Wechselwirkung von Produktion und Konsumtion sowie durch die wachsende Rückwirkung der Konsumtion auf den Ausgangspunkt des Reproduktionsprozesses größere ökonomische Bedeutung für seine durchgängige effektive Gestaltung. Das heißt, daß daraus die Notwendigkeit einer vertieften Intensivierung der in allen Phasen, Bereichen und Zweigen des gesellschaftlichen Reproduktionsprozesses verausgabten Arbeit und durchgeführten Tätigkeiten, also die notwendige allseitige Ausnutzung des Gesetzes der Ökonomie der Zeit, erwächst, deren wesentliche und zunehmende Bedeutung im Sozialismus bereits von Marx hervorgehoben wurde. Er verwies darauf, daß die Allseitigkeit der Entwicklung der Gesellschaft und ihrer Mitglieder, ihres Genusses und ihrer Tätigkeit letzten Endes von Zeitersparung und einer zweckmäßigen Zeiteinteilung abhängen und daß dafür die Zeitbestimmung wesentlich bleibt.[4]

Die Grundlage für die Ökonomie der Zeit besteht in der Ökonomie der Arbeitszeit in der materiellen Produktion, in der Steigerung der gesellschaftlichen Arbeitsproduktivität. Sie schafft die elementaren Voraussetzungen für die Entwicklung aller Lebensbereiche der Gesellschaft. Dazu stellte Marx fest, daß wirkliche Ökonomie in der Einsparung von Arbeitszeit besteht und diese Einsparung identisch mit der Entwicklung der Produktivkraft ist.[5] Die beständige und beschleunigte Steigerung der Effektivität der gesellschaftlichen Gesamtarbeit beeinflußt maßgeblich die Größenverhältnisse aller funktionalen Bestandteile des gesellschaftlichen Zeitfonds und deren absolute und relative Entwicklung, wie sie sich in den Proportionen der Zeitverwendung der Gesellschaft äußern. Vom Zuwachstempo der Produktivkraft der Arbeit hängen also neben der Größe der täglichen Arbeitszeit im gesellschaftlich organisierten Arbeitsprozeß auch Umfang und Struktur der arbeitsfreien Zeit ab. Beim Aufbau der entwickelten sozialistischen Gesellschaft ergeben sich aber im Zusammenhang mit neuen Stufen in der Entwicklung der Produktivkräfte und Produktionsverhältnisse, mit der zunehmenden Vergesellschaftung und Komplexität des Reproduktionsprozesses, neue Möglichkeiten und Notwendigkeiten für eine noch umfassendere Anwendung des Gesetzes der Ökonomie der Zeit. Es verstärkt zunehmend seine volle Wirkung für die Entwicklung und Entfaltung der menschlichen Persönlichkeit und dehnt seinen Geltungsbereich über die Ökonomie der Arbeitszeit hinaus aus. Die geschaffenen erweiterten und verbesserten Reproduktionsbedingungen des Menschen und seiner Arbeitskraft sowie die damit verbundenen dialektischen Wechselwirkungen zwischen den beiden Grundbestandteilen des gesellschaftlichen Zeitfonds, der Arbeitszeit und der arbeitsfreien Zeit, werden mit entscheidend dafür, wie der Mensch als ein anderes Subjekt im Arbeitsprozeß wirken und wie er seine arbeitsfreie Zeit nutzen und gestalten kann. Gerade auf der Tatsache, daß im Sozialismus die Reproduktion des Menschen nicht auf die Reproduktion seiner Arbeitsfähigkeit beschränkt bleibt, sondern sich auf die Entwicklung seiner Persönlichkeit insgesamt erstreckt, beruht die ökonomische und soziale Bedeutung der effektiven und sinnvollen Nutzung und Gestaltung sowohl der Arbeitszeit wie auch der arbeitsfreien Zeit.

Das Gesetz der Ökonomie der Zeit ist direkt und unmittelbar mit den entsprechenden bedürfnisspezifischen Proportionen der gesellschaftlichen Zeitverteilung und mit den Größen der funktionalen Bestandteile des gesellschaftlichen Zeithaushalts und seiner Verwendung verbunden. Zeitökonomie und -verwendung müssen den Zielen des Sozialismus gemäß planmäßig und in Übereinstimmung mit der gesellschaftlichen Bedürfnisentwicklung gestaltet werden. Die gesellschaftlichen Bedingungen für die Einteilung, Verwendung und Nutzung der Zeit sind so zu entwickeln, daß sich alle Gesellschaftsmitglieder entsprechend den ökonomischen Möglichkeiten vielseitig entfalten und alle ihre Anlagen entwickeln können.

In der Nutzung, in den Proportionen der Verteilung und Verwendung der zur Verfügung stehenden Zeit reflektieren sich in komplexer Weise die Tätigkeiten der Menschen. Zur Dialektik von Zeit und Tätigkeit schrieb Marx: "Die Arbeitszeit selbst existiert als solche nur subjektiv, nur in der Form der Tätigkeit."[6] In der Dauer der Zeitverwendung für einzelne Tätigkeiten und in ihren Proportionen äußern sich bis zu einem gewissen Grade das Niveau und die Qualität dieser Tätigkeiten, die enge Beziehungen haben zur Entwicklung der sozialistischen Lebensweise, zu den Arbeits- und Lebensbedingungen der Gesellschaft.

Untersuchungen über die proportionale Zeitverwendung der sozialistischen Gesellschaft spiegeln daher wesentliche Seiten ihres gesellschaftlichen Seins wider. Sie können Möglichkeiten und Wege für Zeiteinsparungen und für eine zweckmäßige Zeiteinteilung begründen, um die zu erfassende "gesamte Kost" der Gesellschaft, also auch die notwendigen Zeitaufwendungen in der Konsumtion, möglichst effektiv einzusetzen. Darin eingeschlossen sind:

- die Realisierung eines maximalen Nutzeffekts des zur Verfügung stehenden Arbeitszeitfonds in der Produktion mit seiner grundlegenden Bedeutung (einschließlich der vergegenständlichten gesellschaftlichen Arbeit unter besonderer Berücksichtigung des Zeitfaktors),
- die Ökonomisierung und Leistungssteigerung des in den nichtproduzierenden Bereichen gebundenen Teils der gesellschaftlichen Arbeit unter Berücksichtigung ihrer Funktion und deren Erfüllung,
- die Verringerung bestimmter notwendiger Zeitaufwendungen innerhalb der arbeitsfreien Zeit,
- die Vergrößerung und sinnvolle Nutzung der reproduktiv notwendigen und neben dem Arbeitsprozeß die Persönlichkeitsentfaltung fördernden Freizeit.[7]

Die entsprechenden ermittelten Anteile der Zeitverwendung in der DDR sind dabei sehr differenziert zu betrachten, und zwar einmal deshalb, weil durch die Erfassung mit Hilfe der Zeit die einzelnen funktionalen Zeitbestandteile gleichrangig erscheinen, obwohl sie sozialökonomisch unterschiedlicher Natur sind, und weil außerdem nur die tägliche durchschnittliche Zeitverteilung im Verlaufe eines ganzen Jahres ausgewiesen wird. Zum anderen repräsentieren gleiche Zeitquanta selbst innerhalb der produktiven Arbeitszeit, mehr noch zwischen Arbeitszeit und arbeitsfreier Zeit, sehr unterschiedliche Qualitäten und Nutzeffekte. So wird der gesamte materielle Reichtum der Gesellschaft durch einen relativ kleinen Teil des gesellschaftlichen Zeitfonds in der produktiven gesellschaftlichen Arbeitszeit geschaffen. In diesem Zeitanteil werden alle Produktions- und Konsumtionsmittel reproduziert. Dieser relativ geringe produktive Arbeitszeitaufwand widerspiegelt das erreichte Produktivitätsniveau der gesellschaftlichen Arbeit. In ihm findet der "Wirkungsgrad zweckmäßiger produktiver Tätigkeit in gegebnem Zeitraum"[8] seinen Ausdruck. Auf die Entwicklung der täglichen Arbeitszeit auf der Grundlage der beständigen Steigerung der gesellschaftlichen Arbeitsproduktivität wiesen bereits die Klassiker des Marxismus-Leninismus wiederholt hin. Marx stellte dazu fest: "Eine Nation ist wirklich reich, wenn 6 statt 12 Stunden gearbeitet wird, "[9] und an anderer Stelle sagte er: "Je weniger Zeit die Gesellschaft bedarf, um Weizen, Vieh etc. zu produzieren, desto mehr Zeit gewinnt sie zu andrer Produktion, materieller oder geistiger."[10] Das gilt um so mehr für die sozialistische Gesellschaft, denn diese ist allein in der Lage, durch die gesicherte freie Entwicklung der Produktivkräfte mehr gesellschaftliche Arbeit und Zeit für anderweitige Zwecke disponibel einzusetzen.[11]

Während der arbeitsfreien Zeit sind außer den physiologisch bedingten Zeitanteilen objektiv noch wesentliche Zeitaufwendungen für die Befriedigung notwendiger materieller Bedürfnisse erforderlich. Der ermittelte tatsächliche Umfang dieser Zeitaufwendungen und ihre anzustrebende Verringerung ist für die Einbeziehung des gesamten gesellschaftlichen Arbeitsvermögens in den Reproduktionsprozeß von Bedeutung. Das ist auch wichtig für die erweiterte Reproduktion des qualitativen Arbeitsvermögens und für eine, größere Bedeutung erlangende, ausgedehntere Freizeit[12] durch Rationalisieren derartiger notwendiger Zeitaufwendungen. Diese Richtung zur Vergrößerung der Freizeit und ihres reproduktiven Einflusses ohne Einschränkung des gesellschaftlichen Arbeitszeitfonds ist gegenwärtig angesichts der ökonomischen Leistungsanforderungen und des hohen Beschäftigungsgrades der Bevölkerung von besonderer Bedeutung. Bezüglich der intensiveren Nutzung der arbeitsfreien Zeit im Rahmen der weiteren Herausbildung der sozialistischen Lebensweise werden damit perspektivische Überlegungen über Bedürfnisstrategien mehr in den Vordergrund treten. Sie müßten neben den Entwicklungsrichtungen der relativen Verhältnisse zwischen Konsumtionsmitteln und Dienstleistungen, zwischen elementaren und Bedürfnissen höherer Rangordnung, zwischen individuellen und gesellschaftlichen Lösungsformen der Bedürfnisbefriedigung unter dem Aspekt der jeweils erforderlichen Mittel und Ressourcen sowie der erzielbaren Effekte auch die zeitökonomische Komponente und die damit verbundenen Wechselbeziehungen zwischen Produktion und Konsumtion, Arbeitszeit und arbeitsfreier Zeit, Hauptproduktivkraft und Persönlichkeit berücksichtigen. Für die Nutzung und Effektivität der arbeitsfreien Zeit werden damit Funktionen und Leistungsfähigkeit der nichtproduzierenden Bereiche angesprochen.

Die Freizeit als ein Bestandteil der arbeitsfreien Zeit und deren Umfang wird in der entwickelten sozialistischen Gesellschaft in Ergänzung zur Arbeitszeit zu einem für die Hauptproduktivkraftentwicklung und Persönlichkeitsentfaltung noch gewichtigeren produktiven und reproduktiven Faktor. Im Gegensatz zum Kapitalismus, in dem nur die Arbeitskraft als einziger Mehrarbeit leistender Produktionsfaktor von ökonomischem Interesse ist, steht im Sozialismus die volle Entfaltung und Anwendung aller Anlagen und Fähigkeiten des Menschen im Arbeitsprozeß und in sonstigen Lebensprozessen als ein gesellschaftliches Hauptziel im Mittelpunkt. Neben dem quantitativen Umfang der Freizeit, der von der Produktivität und damit der notwendigen Größe der Arbeitszeit sowie vom Intensivierungsgrad notwendiger Zeitaufwendungen in der arbeitsfreien Zeit abhängt, spielt auch eine sinnvolle Gestaltung und Nutzung dieser freien Zeit eine große Rolle, weil der Mensch zunehmend auch von einer dem Sozialismus adäquaten Gestaltung und Nutzung der Freizeit geprägt wird. Die veränderte Stellung des Menschen im Produktionsprozeß, der steigende Anteil schöpferischer Arbeit, die wachsende Qualifizierung als unmittelbare Anforderungen aus dem Arbeitsprozeß sind organisch zu vereinigen mit der Gewährleistung der betreffenden Reproduktionsbedingungen für die Persönlichkeitsentwicklung auch außerhalb des unmittelbaren Arbeitsprozesses. Dazu gehören insbesondere die erweiterte physische und geistige Reproduktion des Menschen durch Bildung, Kultur, Sport und Gesunderhaltung bis zu den physiologischen Bedingungen.

Die zunehmend allseitige Entwicklung der sozialistischen Gesellschaft und ihrer Mitglieder beruht auf der Zeitersparung im gesamten Reproduktionsprozeß und auf der zweckmäßigen Zeiteinteilung sowie Verwendung des gesamten Zeitfonds der Gesellschaft. Die Erfassung aller Zeitaufwendungen der Gesellschaft zur Befriedigung ihrer Bedürfnisse und ihre komplexe Ökonomie sind damit untrennbar verbunden. Für die Ökonomisierung des gesellschaftlichen Zeitfonds ergibt sich aus den erwähnten notwendigen Differenzierungen bei der Untersuchung der Proportionen der gesellschaftlichen Zeitverwendung das Erfordernis einer spezifizierten Einschätzung. Gleich großen eingesparten Zeitquanta können beispielsweise sehr verschiedene Quellen, Aufwendungen zugrunde liegen, und die mit ihrem Gewinn verbundenen Effekte können ebenfalls vielfältiger Natur sein.

Mit der zunehmend auf die Bedürfnisse der Gesellschaft orientierten Gestaltung des gesellschaftlichen Reproduktionsprozesses und dem Übergang zur überwiegend intensiv erweiterten Reproduktion wird die allseitige Erfassung und Beherrschung der Zeitaspekte und -faktoren immer mehr zu einer wichtigen Aufgabenstellung für die Wirtschaftstheorie und -praxis. Probleme der gesellschaftlichen Zeitverwendung in ihrer Proportionalität, die weitere Ökonomisierung des gesellschaftlichen Zeitfonds insgesamt wie seiner einzelnen Bestandteile stellen hierbei wesentliche Aufgaben dar.[13] Die dem Gesetz der Ökonomie der Zeit entsprechende umfassende Untersuchung des gesellschaftlichen Zeithaushalts und seiner strukturellen Wechselbeziehungen bringt in quantifizierter Form das dialektische Verhältnis zwischen der Arbeitsproduktivitätsentwicklung und der arbeitsfreien Zeit zum Ausdruck und hängt eng mit der Entwicklung der sozialistischen Gesellschaft und ihrer Mitglieder zusammen. Sowohl aus den Tätigkeiten im Produktionsprozeß mit ihren steigenden Anforderungen als auch durch die Selbstverwirklichung des Menschen in allen Lebensprozessen ergeben sich verändernde Anforderungen an Quantität und Qualität der Arbeitszeit und der arbeitsfreien Zeit.[14]

Der hohe quantitative Ausschöpfungsgrad des gesellschaftlichen Arbeitsvermögens, der wachsende Anteil langfristig gebundener gesellschaftlicher Arbeit am gesamten Arbeitszeitfonds und nicht zuletzt die den gesellschaftlichen Arbeitszeitfonds ebenfalls beeinflussenden anspruchsvollen Maßnahmen des sozialpolitischen Programms erhöhen dabei noch die Anforderungen an eine intensivere und hocheffektive Nutzung aller der Gesellschaft zur Verfügung stehenden Ressourcen. Ähnliches trifft auch für die arbeitsfreie Zeit zu, die, abgesehen von der Befriedigung physiologischer Bedürfnisse, ebenfalls zu einem bedeutenden Teil durch notwendige Tätigkeiten vor allem zur Reproduktion der Arbeitskraft und der gegebenen materiellen Lebensbedingungen gebunden und somit überwiegend nicht frei verwendbar ist.

Beim jetzigen Entwicklungsstand der Volkswirtschaft, der bereits durch ein hohes Niveau der Vergesellschaftung und der Konsumtion sowie durch außerordentlich starke Ausnutzungsgrade des Arbeitspotentials und der materiellen Ressourcen gekennzeichnet ist, können die wachsenden Bedürfnisse nur dann ausreichend befriedigt werden, wenn die Gesellschaft für den zu erreichenden Zuwachs der Bedürfnisbefriedigung ständig in ausreichendem Maße über weiterverwendungsfähige Zeitreserven verfügt.[15] Damit sind ganz allgemein jene Teile der Arbeits- und arbeitsfreien Zeit der Gesellschaft gemeint, die noch nicht durch notwendige Produktions- und Konsumtionsprozesse zur Reproduktion der Arbeits- und Lebensbedingungen gebunden sind und über die

die Gesellschaft in engeren oder weiteren Grenzen für die verschiedensten Zwecke der Bedürfnisbefriedigung tatsächlich noch verfügen kann. Die Gewinnung solcher verfügbaren Zeit zur Befriedigung neuer Bedürfnisse - und zwar sowohl von Arbeitszeit als auch von arbeitsfreier Zeit - stellt deshalb ein erstrangiges ökonomisches Erfordernis der Intensivierung des volkswirtschaftlichen Reproduktionsprozesses dar. Die Ökonomie der Zeit, insbesondere die Freisetzung von Arbeitszeit, ist eine notwendige Voraussetzung für die Durchführung von Strukturveränderungen ebenso wie für die dazu erforderliche Erhöhung der volkswirtschaftlichen Akkumulationskraft, durch die neu auftretende und sich erweiternde Bedürfnisse befriedigt werden können. Dadurch werden die erforderlichen Neu- und Umverteilungen von gesellschaftlicher Arbeitszeit und die damit verbundenen materiell-technischen Umgestaltungen, die durch die gewachsenen und veränderten Bedürfnisse hervorgerufen werden, überhaupt erst realisierbar. Diese Umverteilungsprozesse haben jedoch beim derzeitigen Entwicklungsstand der Produktivkräfte und der gesellschaftlichen Arbeitsteilung, insbesondere aber unter den gegenwärtigen Bedingungen der Intensivierung, selbst wieder einen maßgeblichen Einfluß auf die weitere Produktivitäts- und Effektivitätssteigerung der gesellschaftlichen Arbeit. Erschwert wird die Lösung dieser erforderlichen Umverteilungen dadurch, daß der gesamte Zeitfonds der Gesellschaft schon durch das gegebene Niveau der notwendigen Reproduktion und Bedürfnisbefriedigung außerordentlich stark beansprucht wird, der Intensitätsgrad und die Dauer der Zeitbindung auf Grund der in Angriff genommenen langfristigen Vorhaben und anderer Faktoren zunehmen und deshalb die Zeit als Ressource nur noch in sehr begrenztem Maße verfügbar wird. Obwohl die Arbeitsproduktivität ständig gesteigert wird, die Mehrarbeitszeit sich anteilig vergrößert und auch die arbeitsfreie Zeit zunimmt, wird die tatsächlich für neue Bedürfnisse zur Verfügung stehende Zeit immer knapper und kostbarer. Daraus ergibt sich notwendigerweise, daß die sozialistische Gesellschaft auch ständig bestrebt sein muß, Teile ihres zur Verfügung stehenden Gesamtfonds an Arbeitszeit und arbeitsfreier Zeit so flexibel zu gestalten, daß potentiell die mit dem gesellschaftlichen und wissenschaftlich-technischen Fortschritt über das gegebene Niveau hinauswachsenden bzw. neuentstehenden Bedürfnisse ebenso wie die bereits vorhandenen ausreichend befriedigt werden können.

Bei dem anzustrebenden Zeitgewinn als einem Erfordernis vertiefter Intensivierung steht nicht die Ausdehnung der arbeitsfreien Zeit zu Lasten der Arbeitszeit im Vordergrund. Ebensowenig geht es primär um die Verringerung der Zeit für die notwendige Arbeit zugunsten der Mehrarbeitszeit, sondern um die Erhöhung von Effektivität und Qualität der Arbeit als der zentralen Frage, um den gesamten gesellschaftlichen Aufwand an Arbeitszeit je Produkten- bzw. Leistungseinheit relativ verringern zu können. Dafür hat die Anwendung und Nutzung des wissenschaftlich-technischen Fortschritts und der wissenschaftlichen Arbeitsorganisation grundlegende Bedeutung. Das verlangt aber neben der realisierten Allgemeinheit der Arbeit auch die volle Nutzung des gesellschaftlichen Arbeitszeitfonds, das Erschließen von Zeitreserven und die bewußte Einflußnahme im Interesse besserer zeitlicher Wirkungsbedingungen mit dem Ziel höherer ökonomischer und sozialer Effekte.

Die Möglichkeiten, aus objektiven wie auch subjektiven Gründen bedingte Zeitverluste sowie ungenutzte Reserven an Zeit aufzudecken und zu vermeiden, sind vielgestaltig. Das erfordert im einzelnen, Arbeitszeitverluste infolge mangelhafter Organisation der Produktion, Unzulänglichkeiten durch Ausschuß, unzureichende Qualität, Nacharbeit und Doppelarbeit weitgehend auszuschließen, den Krankenstand zu verringern und anderes mehr. Zeitreserven bestehen auch in zeitweilig entstehenden Nichtübereinstimmungen zwischen der Verteilung des gesellschaftlichen Arbeitsvermögens auf die Zweige und Bereiche der Volkswirtschaft im Ergebnis differenzierter Bedürfnisentwicklung und unterschiedlicher Wachstumstempi der Effektivität der Arbeit.

Die Durchsetzung einer umfassenden Zeitökonomie und zweckmäßigen Zeiteinteilung ist auch mit einer sinnvollen Strukturierung der arbeitsfreien Zeit und einer Verminderung notwendiger hauswirtschaftlicher Zeitaufwendungen zu verbinden. Gerade die zeitökonomische Rationalisierung solcher, oft mit der Befriedigung elementarer Bedürfnisse einhergehenden Zeitaufwendungen stellt eine Hauptquelle von Zeitgewinn für die Befriedigung höherwertiger Bedürfnisse, sogar auch für physiologische Bedürfnisse dar. Die besondere Bedeutung des subjektiven Faktors, individuelle Charakteristika, der Hobbycharakter mancher Tätigkeiten, Traditionen und Gebräuche, Unterschiede in der Zeitverwendung zwischen Stadt und Land und anderes mehr, wie auch die Gewährleistung der physiologischen Bedürfnisse, wirken hierbei auf die Zeitökonomie und auf die damit verknüpfte Rationalität der Zeitverwendung relativierend, begrenzend ein. Die Wirkungsweise des Gesetzes der Ökonomie der Zeit ist also in bezug auf die arbeitsfreie Zeit zum Teil mehr oder weniger großen Einschränkungen unterworfen. Das spricht nicht gegen die zeitliche Erfassung aller mit der Bedürfnisbefriedigung verbundenen Zeitaufwendungen während der arbeitsfreien Zeit. Ebensowenig schließt das die Beseitigung durch subjektive Faktoren hervorgerufene Zeitverluste aus, die auf persönliches Unvermögen zur Verwirklichung einer rationellen Zeitnutzung und -einteilung zurückzuführen sind.

Die Ökonomisierung der funktionalen Zeitbestandteile und der Gewinn von Zeit als grundlegende Bedingung der intensiv erweiterten Reproduktion erstreckt sich demnach - unter Ausnutzung der existierenden Wechselbeziehungen -

- auf Zeit, die in quantitativer Hinsicht zur Produktion neuer, zusätzlicher Mittel für die Bedürfnisbefriedigung der sozialistischen Gesellschaft vorhanden sein muß und die vor allem durch die Steigerung der Arbeitsproduktivität gewonnen wird, als auch
- auf qualitativ anderweitig einsetzbare Zeit, die unmittelbar zur Befriedigung der neuen, zusätzlichen Bedürfnisse in der Konsumtion selbst erforderlich ist und die zunehmend auch durch Entlastung der arbeitsfreien Zeit von anfallenden notwendigen Zeitaufwendungen, insbesondere durch Verringerung der Hausarbeitszeit, zu gewinnen ist.

Das stellt an die weitere Intensivierung besondere Anforderungen, und diese lassen sich durch die zeitliche Untersuchungsmethode in größerem Maße erfüllen.

1.2. Niveau der gesellschaftlichen Arbeitsproduktivität als ökonomische Grundlage für die Proportion zwischen Arbeitszeit und arbeitsfreier Zeit

Unter sozialistischen Produktionsverhältnissen erhält das Verhältnis von Arbeitszeit und arbeitsfreier Zeit durch das Wirken grundsätzlich veränderter sozialökonomischer Gesetzmäßigkeiten gegenüber dem Kapitalismus einen neuen Begriffsinhalt. Arbeitszeit und arbeitsfreie Zeit stehen sich nicht mehr antagonistisch gegenüber, sondern bedingen sich gegenseitig, entwickeln sich qualitativ weiter und verkörpern in ihrer Einheit das Betätigungsfeld für die Entfaltung der allseitig gebildeten und bewußt handelnden Mitglieder der sozialistischen Gesellschaft.[16]

Weitere Schritte bei der Vertiefung der Intensivierung in der Volkswirtschaft, Veränderungen in den Reproduktionsbedingungen der Gesellschaft, die Verwirklichung der Maßnahmen zur Weiterentwicklung der materiellen und kulturellen Bedürfnisse der Bevölkerung und des Grades ihrer Befriedigung wirken differenziert auf die quantitativen Relationen und auf die qualitative Gestaltung dieser grundlegenden Zeitbestandteile. Die entscheidenden Bedingungen für die proportionale Entwicklung der Arbeitszeit und der arbeitsfreien Zeit und für deren quantitative und qualitative Veränderungen werden durch die Entwicklungstempi der gesellschaftlichen Arbeitsproduktivitätssteigerung gesetzt. Die wirkliche Ökonomie besteht in der Einsparung von Arbeitszeit, in der Minimierung der Produktionskosten. Je weniger Zeit bzw. Arbeitsaufwand die sozialistische Gesellschaft benötigt, um die materiellen Produkte zu ihrer Reproduktion zu erzeugen, umso mehr Zeit und Mittel hat sie für die Befriedigung der anderen Bedürfnisse zur Verfügung.[17] Die Dialektik zwischen Produktivitätsfortschritt sowie Größe und Qualität der arbeitsfreien Zeit wurde von Marx u.a. auch so formuliert: "Die Ersparung von Arbeitszeit gleich Vermehren der freien Zeit, d.h. Zeit für die volle Entwicklung des Individuums, die selbst wieder als die größte Produktivkraft zurückwirkt auf die Produktivkraft der Arbeit,"[18] wobei jedoch die Arbeitszeit immer die eigentliche Quelle des gesellschaftlichen Reichtums bleibt. Aus der Entwicklung der materiellen und zeitlichen Reproduktionsbedingungen der sozialistischen Gesellschaft insgesamt, der Menschen, der Natur, der Grundfonds und anderer Faktoren und Prozesse, von denen wachsende Einflüsse auf die Entwicklung der gesellschaftlichen Arbeitsproduktivität ausgeübt werden, ergibt sich, daß die Einsparung von Arbeitszeit nicht im direkt proportionalen Verhältnis mit der Ausdehnung der arbeitsfreien Zeit stehen kann. Solche Faktoren und Prozesse führen nicht nur zu steigenden Anforderungen an die von der Gesellschaft zu leistende Mehrarbeit, sie können auch einen Anstieg der für die Befriedigung der gleichen Bedürfnisse aufzuwendenden notwendigen Arbeit bewirken. Außerdem beeinflussen Bedingungen und Faktoren, wie beispielsweise die Größenordnungen der gesetzlichen und tatsächlichen Arbeitszeit, der Anteil des produktiven gesellschaftlichen Arbeitszeitfonds am gesamtgesellschaftlichen Arbeitsvermögen, seine quantitative Ausnutzung und seine Qualität u. a., auch das Niveau der Entwicklung der gesellschaftlichen Arbeitsproduktivität in unterschiedlichem Maße. Vergleichende Untersuchungen der Arbeitsproduktivitätssteigerung und der arbeitsfreien Zeit, des Nationaleinkommens und der Freizeit und anderes sind daher nur bedingt möglich und begrenzt aussagefähig.[19] Eine Ausdehnung der arbeitsfreien Zeit und die Schaffung der ihrer sinnvollen Nutzung genügenden materiellen Bedingungen steht im unmittelbaren Zusammenhang mit der weiteren Intensivierung des Reproduktionsprozesses, insbesondere der Steigerung der gesellschaftlichen Arbeitsproduktivität. Von Honecker wurde auf diese erstrangige Bedeutung der Steigerung der gesellschaftlichen Arbeitsproduktivität mit Nachdruck hingewiesen: "Wie unsere Partei wiederholt nachhaltig betont hat, verlangt die Fortsetzung des Kurses der Hauptaufgabe einen sich weiter verstärkenden Leistungsanstieg, der sowohl aufgrund der inneren Erfordernisse unseres sozialistischen Aufbaus als auch der außenwirtschaftlichen Veränderungen notwendig ist. Nur durch eine höhere Produktivität in der Volkswirtschaft können die wachsenden Ansprüche der verschiedensten gesellschaftlichen Bereiche an die Verteilung des Nationaleinkommens besser befriedigt werden. Ob Wohnungsbau, Volksbildungswesen, Gesundheitswesen oder Verkehr, auf jedem Gebiet ist der Fortschritt an materielle Voraussetzungen gebunden."[20]

Dazu muß festgestellt werden, daß die Entwicklung der Arbeitsproduktivität in der Volkswirtschaft der DDR zwischen 1976 und 1978, gemessen am produzierten Nationaleinkommen, nicht mehr das Tempo des Zeitraums von 1965 bis 1975 aufweist. Die durchschnittlichen jährlichen Wachstumsraten lagen in diesem Zeitraum bei 5,2 %, während sie zwischen 1976 und 1978 im Durchschnitt 3,8 % erreichten (vgl. dazu Tabelle 1 und Abbildung 1).

Das läßt sich zwar zu einem Teil aus der Nettoproduktivitätsentwicklung in der Land- und Forstwirtschaft erklären, die in diesem Zeitraum praktisch stagnierte. In der Industrie, der Bauwirtschaft, im Binnenhandel nahmen die Zuwachsraten der Nettoproduktivität aber ebenfalls ab. Infolge der Größenanteile dieser Bereiche am gesamten produzierten Nettoprodukt von zusammen 82 % (60,4 %, 7,4 % und 14,6 %, jeweils 1978) fällt das für die Steigerung der gesellschaftlichen Arbeitsproduktivität nicht weniger ins Gewicht als die hauptsächlich witterungsbedingte ungünstige Entwicklung in der Landwirtschaft, die etwa 10 % zum Nettoprodukt beiträgt.[21]

Tabelle 1

Durchschnittliche jährliche Wachstumsraten der Arbeitsproduktivität[1] und der Grundmittelausstattung[2] in den produzierenden Bereichen

Jahre	Produziertes Nationaleinkommen je Berufstätiger	Grundmittel je Berufstätiger
	jährliche durchschnittliche Wachstumsrate in %	jährliche durchschnittliche Wachstumsrate in %
1961 - 1965	4,1	6,7
1966 - 1970	5,2	4,7
1971 - 1975	5,2	5,7
1976 - 1978	3,8	5,4

1 Nationaleinkommen je Berufstätiger (ohne Lehrlinge); in vergleichbaren Preisen von 1975.

2 Ohne Lehrlinge; in vergleichbaren Preisen von 1966.

Quelle: Berechnet nach: Statistisches Jahrbuch der DDR 1979, Berlin 1979, S. 13/14.

In der Industrie sind die abnehmenden Zuwachsraten sowohl der Nettoproduktivität als auch der auf das Bruttoprodukt je Arbeiter und Angestellten bezogenen Produktivität bereits seit Beginn der siebziger Jahre zu beobachten. Das betraf die Energie- und Brennstoffindustrie, die chemische Industrie, den Maschinen- und Fahrzeugbau, die Leicht- und Textilindustrie. Zwischen 1976 und 1978 lagen mit Ausnahme der Energie- und Brennstoffindustrie und des Bereichs Elektrotechnik/Elektronik/Gerätebau die jährlichen Wachstumsraten der industriellen Bruttoproduktion je Arbeiter und Angestellten in den anderen Industriebereichen noch unter denen im Zeitraum von 1971 bis 1975.[22] Diese Entwicklungstendenz zeigt sich ähnlich in der jährlichen Senkung des Arbeitsaufwandes je 1 000 M industrieller Bruttoproduktion, obwohl die Raten je Zeiteinheit durch eingetretene Arbeitszeitverkürzungen besonders ab 1975/1976 größer als die personenbezogenen Indizes sind (vgl. Tabelle 2). Es erweist sich als innerer Zusammenhang, daß ungefähr in dem Maße, wie die als Grundlage für die Steigerung der Arbeitsproduktivität fungierenden Grundfonds der einzelnen Bereiche modernisiert, ausgesondert und erweitert werden, in der Folgezeit Wirkungen in der Höhe des in Zeiteinheiten ausgedrückten Arbeitsaufwandes zu erzielen sind. Die Effektivität der Zeitnutzung

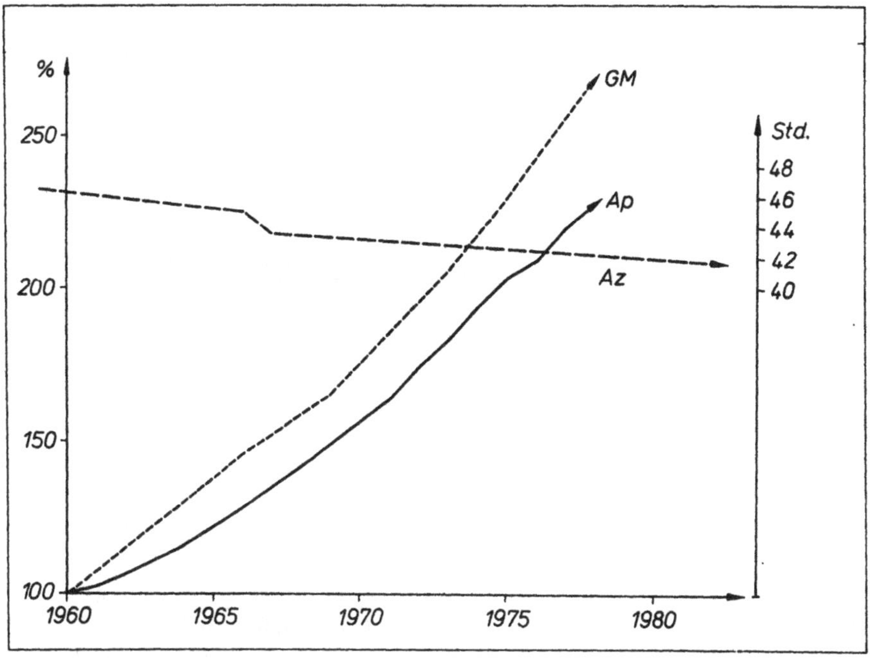

Abbildung 1: Entwicklung des produzierten Nationaleinkommens je Berufstätiger ohne Lehrlinge (Ap), des Grundmittelbestandes je Berufstätiger in den produzierenden Bereichen (Gm) - jeweils 1960 = 100 - und der durchschnittlichen wöchentlichen Arbeitszeit (Az)

für die Bedürfnisbefriedigung ist entscheidend von der Quantität, Qualität und Ausnutzung der vorhandenen technischen Ausstattung abhängig. Das gilt sowohl für die Ausstattung der Arbeitszeit mit Produktionsmitteln als auch für die Ausstattung der arbeitsfreien Zeit mit Konsumtionsmitteln.

Bei der Entwicklung der Grundmittelausstattung wird jedoch im Verhältnis zur Steigerung der Arbeitsproduktivität ein Widerspruch sichtbar, der für die Entwicklung der gesellschaftlichen Arbeitsproduktivität, die die Effektivität der vergegenständlichten Arbeit als wesentliche Komponente einschließt, wachsende Bedeutung erlangt und das proportionale Verhältnis der Größen der Arbeitszeit und der arbeitsfreien Zeit mitbestimmt. Relativ geringeren Zuwachsraten der Arbeitsproduktivitätssteigerung stehen relativ höhere durchschnittliche jährliche Wachstumsraten der Grundmittelausstattung der Arbeitskräfte und der Produktion gegenüber. Dieser überdurchschnittlich schnell zunehmende Aufwand an vergegenständlichter gesellschaftlicher Arbeit je Ein-

Tabelle 2

Relative jährliche durchschnittliche Senkung des Arbeitsaufwandes in Stunden je 1000 Mark industrieller Bruttoproduktion nach Industriebereichen im Vergleich zur relativen jährlichen durchschnittlichen Erhöhung des Grundmittelbestandes in der Industrie nach Bereichen von 1956 bis 1978

Industriebereich	Senkung des Arbeitsaufwandes (1) / Erhöhung des Grundmittelbestandes (2)	Prozentuale jährliche durchschnittliche Veränderung im Zeitraum 1956-1960	1961-1965	1966-1970	1971-1975	1976-1978
Energie- und Brennstoffindustrie	1	3,7	3,7	7,7	2,5	4,9
	2	6,3	8,0	4,2	5,9	.
Chemische Industrie	1	8,5	7,2	7,7	7,7	6,0
	2	2,3	6,3	6,3	7,4	.
Metallurgie	1	7,2	3,4	7,7	4,6	6,4
	2	5,7	7,3	6,2	5,7	.
Baumaterialienindustrie	1	9,4	8,0	5,6	6,1	4,5
	2	8,6	7,9	4,6	6,2	.
Wasserwirtschaft	1	.	.	.	2,5	0
	2	1,7	4,9	4,4	4,2	.
Maschinen- und Fahrzeugbau	1	9,7	6,4	7,2	3,4	4,9
	2	4,1	8,6	5,4	6,8	.
Elektrotechnik/Elektronik/Gerätebau	1	11,9	8,3	7,4	6,4	7,9
	2	4,2	8,3	9,0	9,2	.
Leichtindustrie (ohne Textilindustrie)	1	8,5	5,1	7,2	4,8	6,0
	2	2,7	5,2	4,1	6,8	.
Textilindustrie	1	8,5	6,4	8,0	6,6	7,2
	2	3,2	3,2	2,1	5,5	.
Lebensmittelindustrie	1	5,3	5,6	3,7	4,4	0
	2	2,3	3,2	5,5	6,0	.
Industrie insgesamt	1	8,3	6,9	6,9	4,8	6,0
	2	3,9	6,7	5,2	6,5	6,0

Quelle: Berechnet nach: Statistisches Jahrbuch der DDR 1977, Berlin 1977, S. 83 und 131; ebenda 1979, S. 122.

heit produzierten Nationaleinkommens schränkt die Steigerung der gesellschaftlichen Arbeitsproduktivität und das Wachstum des Mehrprodukts ein, so daß sie den Anforderungen des Strukturwandels und der Proportionalität im Prozeß der intensiv erweiterten Reproduktion nicht mehr im vollen Umfang gerecht werden können. Darin offenbart sich neben Effektivitäts- und Ausnutzungsproblemen der Grundmittel auch der Tatbestand, daß die Produktivität der gesellschaftlichen Arbeit gegenwärtig in unserer Volkswirtschaft in nicht geringerem Maße von teilweise weniger günstigen Produktionsbedingungen und gleichzeitig wachsenden Reproduktionserfordernissen beeinflußt wird. Da aber für eine extensive Ausdehnung des Produktionsfeldes in der DDR praktisch kaum Möglichkeiten existieren, bleibt eine deutliche Beschleunigung der Produktivitätsentwicklung der einzige Weg zur Vergrößerung des Nutzeffekts der gesellschaftlichen Arbeitszeit. "Der wirkliche Reichtum der Gesellschaft und die Möglichkeit beständiger Erweiterung ihres Reproduktionsprozesses hängt also nicht ab von der Länge der Mehrarbeit, sondern von ihrer Produktivität und von den mehr oder minder reichhaltigen Produktionsbedingungen, worin sie sich vollzieht."[23] "... die Mehrarbeit kann, je nach der Entwicklung der Produktivkraft der Arbeit, groß sein bei kleinem Gesamtarbeitstag, und relativ klein bei großem Gesamtarbeitstag."[24] Weil darüber hinaus ein bestimmtes Quantum an "Mehrarbeit überhaupt, als Arbeit über das Maß der gegebnen Bedürfnisse hinaus, (...) immer bleiben (muß)",[25] ergibt sich aus dem nicht ausreichenden Zuwachstempo der gesellschaftlichen Arbeitsproduktivität im Verhältnis zu den steigenden Reproduktionsanforderungen eine zeitweilige Schranke für die Verwandlung von Mehrarbeitszeit in mehr arbeitsfreie Zeit. Dennoch liegt in der weiteren Verwirklichung der Möglichkeit, "diese Mehrarbeit zu verbinden mit einer größern Beschränkung der der materiellen Arbeit überhaupt gewidmeten Zeit"[26], und deren sinnvoller Nutzung einer der wesenseigenen Vorzüge des Sozialismus, auf der eine wesentliche Triebkraft der gesellschaftlichen Entwicklung des Sozialismus gegenüber dem Kapitalismus beruht. Die Mehrarbeitszeit, die in der sozialistischen Gesellschaft nicht mehr die Form kapitalistischer Surplusarbeit annimmt, die sich die herrschende Minderheit aneignet, wird in zunehmendem Maße für die freie Entwicklung aller Gesellschaftsmitglieder verwendet. Das setzt allerdings die Erfüllung der bereits von Marx erkannten Grundbedingung voraus, "daß möglichst viel values in use ... in möglichst kurzer Arbeitszeit"[27] erzeugt werden. Die Arbeitszeit "bleibt immer die schaffende Substanz des Reichtums und das Maß der Kost, die seine Produktion erheischt".[28] Auf der Basis der erreichten Produktivitätserhöhung wurde die nominelle Arbeitszeit in den letzten 20 Jahren in der DDR in erheblichem Umfang verkürzt (vgl. Abbildung 2), was eine Auswahl von Fakten in chronologischer Folge beweist:[29]

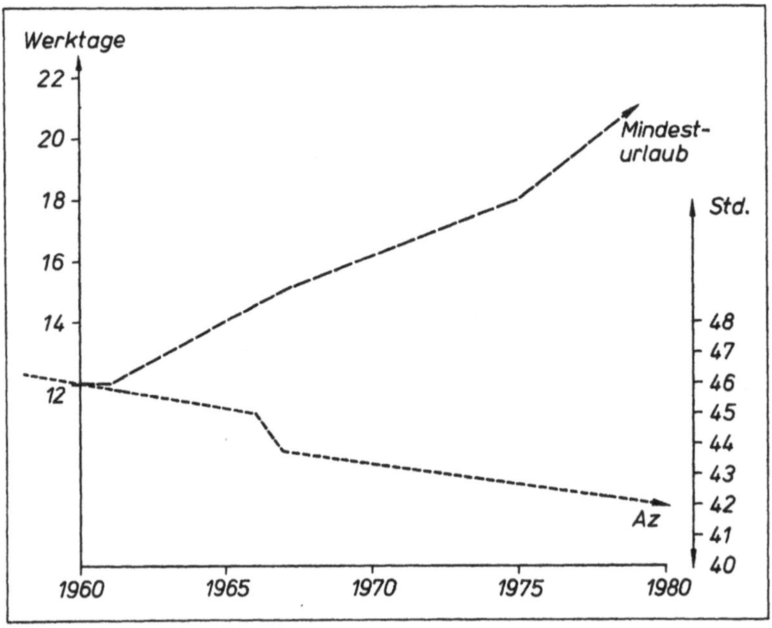

Abbildung 2: Entwicklung der Dauer des Mindesterholungsurlaubs sowie der durchschnittlichen wöchentlichen Arbeitszeit

1957 - Verkürzung der Wochenarbeitszeit auf 45 Stunden für die Beschäftigten der Industrie, des Bau-, Verkehrs- und Nachrichtenwesens;

1966 - Senkung der gesetzlichen Normalarbeitszeit auf 45 Wochenstunden für weitere 3 Mio Werktätige. Einführung der 5-Tage-Arbeitswoche für jede 2. Woche;

1967 - Generelle Einführung der 5-Tage-Arbeitswoche bei gleichzeitiger Verkürzung der Arbeitszeit auf wöchentlich 43 3/4 Stunden;

1972 - Für vollbeschäftigte Mütter mit 3 und mehr Kindern wurden die 40-Stunden-Arbeitswoche und 21 Tage Mindesturlaub wirksam, im Mehrschichtsystem 24 Tage Mindesturlaub, für Mütter mit zwei Kindern 18 Tage Mindesturlaub, im Mehrschichtsystem 21 Tage und die 40-Stunden-Arbeitswoche. Der Schwangerschafts- und Wochenurlaub wurde auf 18 Wochen erweitert;

1975 - Erhöhung des Mindesturlaubs von 15 auf 18 Tage für mehr als 1,5 Mio Werktätige, für Werktätige im Drei- und durchgehenden Schichtsystem auf 21 Tage;

1976 - Ende Mai wurde der Schwangerschafts- und Wochenurlaub von 18 auf 26 Wochen erhöht. Berufstätige Mütter erhielten darüber hinaus bei Geburt des zweiten und jedes weiteren Kindes die Möglichkeit der bezahlten Freistellung bis zur Vollendung des ersten Lebensjahres des Kindes. Am 1. September trat im Bereich der Volksbildung eine Senkung der wöchentlichen Pflichtstundenzahl für Lehrer, Hort- und Heimerzieher sowie Kindergärtnerinnen in Kraft;

1977 - Werktätigen, die regelmäßig Schichtarbeit leisten, wird mit Jahresbeginn ein Zusatzurlaub von 3 Tagen gewährt. Außerdem erhalten vollbeschäftigte alleinstehende Frauen ab 40. Lebensjahr mit eigenem Haushalt auch ohne Kinder einen monatlichen Haushaltstag. Ab 1. Mai erhöhte sich die Zahl der Werktätigen, die nach der 40-Stunden-Woche arbeiten, auf 1,1 Mio. Für 600 000 2-Schicht-Arbeiter verkürzte sich die wöchentliche Arbeitszeit auf 42 Stunden - alles ohne Lohnminderung;

1979 - Für 6,7 Mio Berufstätige erhöht sich der Erholungsurlaub ab Jahresbeginn um mindestens 3 Arbeitstage jährlich. Über diesen gesetzlichen Urlaub hinaus erhalten etwa 940 000 Werktätige differenziert 4 bis 6 Arbeitstage mehr Urlaub.

Eine ganze Reihe von Maßnahmen wurde und wird mit spezieller Regelung der Arbeits- und Erholungszeiten festgelegt, die sich schwerpunktmäßig auf bestimmte soziale Gruppen bezieht.[30] Daraus läßt sich insgesamt abschätzen, daß die Werktätigen der DDR gegenwärtig eine durchschnittliche gesetzliche Wochenarbeitszeit von ca. 42 Stunden zu leisten haben. Die tatsächlich geleistete, statistisch ausgewiesene effektive Wochenarbeitszeit liegt jedoch erheblich niedriger. So betrug beispielsweise die effektive wöchentliche Arbeitszeit der Produktionsarbeiter in der Industrie der DDR im Jahre 1978 35,3 Stunden.[31] Wie sich 1977 die effektive Arbeitszeit, d.h. die tatsächlich geleisteten Arbeitsstunden (einschließlich der Überstunden) in einzelnen

Tabelle 3

Durchschnittliche wöchentliche Arbeitsstunden (einschließlich Überstunden) je Produktionsarbeiter nach Industriebereichen 1977

Industriebereich	Effektive durchschnittliche wöchentliche Arbeitszeit je Produktionsarbeiter in Stunden
Energie- und Brennstoffindustrie	39,6
Chemische Industrie	35,3
Metallurgie	34,0
Baumaterialienindustrie	36,7
Wasserwirtschaft	40,3
Maschinen- und Fahrzeugbau	35,8
Elektrotechnik/Elektronik/Gerätebau	33,8
Leichtindustrie	31,9
Textilindustrie	31,8
Lebensmittelindustrie	38,2
Industrie insgesamt	35,7

Quelle: Berechnet nach: Statistisches Jahrbuch der DDR 1979, Berlin 1979, S. 116/117, 122/123.

Industriebereichen verhielt, zeigt Tabelle 3. Die große Variationsbreite von wöchentlich 40,3 Stunden (Wasserwirtschaft) bis zu 31,8 Stunden (Textilindustrie) macht den gezielten Einfluß derartiger Maßnahmen auf die Arbeitsdauer deutlich, zeigt den unterschiedlichen Anteil der präferierten Berufsgruppen wie auch von Teilzeitbeschäftigten in den Industriebereichen. So dürfte die Arbeitszeitdauer der Beschäftigten in der Textilindustrie unmittelbar mit dem überdurchschnittlich hohen Frauenanteil in diesem Bereich zusammenhängen. Die Arbeitszeiten in der Grundstoffindustrie drücken vorwiegend die für diese Bereiche geltenden gesetzlichen Vorzugsbedingungen aus, und in weiteren Bereichen können wiederum andere Ursachen im Vordergrund stehen.[32]

Gleichzeitig weisen die ermittelten Angaben aber auch auf das beträchtliche Ausmaß der Ausfallzeiten gegenüber der gesetzlichen Normalarbeitszeit hin. Im Rahmen der statistisch erfaßten Arbeitsausfallzeiten muß besonders auf die Ausfälle infolge ärztlich bescheinigter Arbeitsunfähigkeit hingewiesen werden. Ihr Anteil ist hoch und weist zudem eine steigende Tendenz auf. An den von Arbeitern und Angestellten zu leistenden Arbeitstagen betraf dieser Anteil im Jahre 1978 6,34 %.[33] Neben dem Krankenstand und den gesetzlich verankerten Bestimmungen über die Dauer des Erholungsurlaubs gibt es eine Reihe weiterer Ursachen, die zu einer geringeren Anzahl an effektiv geleisteten Arbeitsstunden gegenüber der Normalarbeitszeit beitragen, wie verkürzte Arbeitszeiten, wachsende Urlaubsdauer, Schwangerschafts- und Wochenurlaub. Arbeitsausfälle treten aber auch auf durch Mängel in der Produktions- und Arbeitsorganisation, durch Arbeitsbummelei, ungerechtfertigte Pausen u.a., so daß das Problem einer besseren Ausnutzung der Arbeitszeit für die Steigerung der Produktivität vor allem im Zusammenhang mit solchen Ausfällen sowie mit dem steigenden Krankenstand von nicht geringer Bedeutung ist. Um welche Größenordnungen es sich hierbei - gemessen am Produktionsvolumen - handelt, läßt sich daran vergegenwärtigen, daß 1 Stunde Arbeitsausfall im Durchschnitt aller Beschäftigten in der Industrie unter sonst gleichen Bedingungen einen Verlust an Produkten in folgenden Größenordnungen bedeutet:

300 Kühlschränke,
180 Waschmaschinen,
5 880 Tonnen Zement,
24 840 Stück Oberbekleidung,
35 340 kg synthetische Fasern,
885 780 Mark spanabhebende Werkzeugmaschinen,
2 329 200 Mark Möbel und Polsterwaren.[34]

Außerdem wachsen in dem Maße, mit dem sich das volkswirtschaftliche Leistungsvermögen vergrößert, diese Verluste an Produktionswachstum je Stunde ausgefallener Arbeitszeit, wie sich, anders ausgedrückt, die Aufwandsäquivalente je Stunde für Arbeitszeitverkürzungen freizusetzender Arbeitszeit umgekehrt proportional erhöhen. Wurde 1960 in einer Stunde nomineller Arbeitszeit von den Berufstätigen der produzierenden Bereiche ein Nationaleinkommen von fast 30 Mio M geschaffen, waren es 1970 schon über 48 Mio M, während gegenwärtig etwa das Zweieinhalbfache gegenüber der Nationaleinkommensgröße von 1960 produziert wird. So betrug im Jahre 1978 das in einer Stunde Arbeitszeit produzierte Nationaleinkommen der in den produzierenden Bereichen Beschäftigten insgesamt etwa 74 Mio M.[35] Das bedeutet aber auch, daß jede weitere Stunde an zu gewinnender arbeitsfreier Zeit "teurer" wird und nachhaltiger auf die Verringerung ungerechtfertigter Arbeitsausfallzeiten oder auf materielle Untermauerung durch Intensivierungsmaßnahmen drängt.

Die höheren Anforderungen des weiteren sozialpolitischen Fortschritts an ein stärkeres Wachstum der Arbeitsproduktivität lassen zugleich die qualitativen Faktoren des Wirtschaftswachstums stärker in den Vordergrund treten und führen dazu, daß jede Einheit Arbeitszeit ein zunehmendes Äquivalent an Wert und Produkten repräsentiert. Wenn z.B. die industrielle Warenproduktion je Kalenderarbeitstag

1960 etwa 460 Mio M
1970 schon 850 Mio M und
1980 1 480 Mio M

erreichte, dann wird daran deutlich, daß auch vom Standpunkt ihrer Produktivitätsquellen die in den letzten Jahren durchgeführten sowie die weiterhin vorgesehenen Arbeitszeitverkürzungen zu den größten und anspruchsvollsten Resultaten des sozialpolitischen Programms gehören. Das läßt sich anhand einer Überschlagsrechnung nachweisen: Bei einer generellen Verkürzung der wöchentlichen Arbeitszeit um 2 Stunden, das sind etwa 5 % der jährlichen Arbeitszeit, verringert sich - bei sonst gleichen Bedingungen - das produzierte Nationaleinkommen je Berufstätiger im produzierenden Bereich um etwa 1000 M. Mit einer Summe von etwa 7 Mrd. M entspräche das - gemäß der in der Volkswirtschaft der DDR beschäftigten Anzahl Berufstätiger in der Produktion - annähernd dem gesamten Nationaleinkommenszuwachs eines Jahres. Die im Programm des IX. Parteitages der SED enthaltene Zielstellung, schrittweise eine Senkung der gesetzlichen Wochenarbeitszeit auf 40 Stunden zu verwirklichen, ist also nicht nur von großer sozialer Bedeutung, sondern setzt auch gleichzeitig eine erheblich steigende Leistungskraft der gesellschaftlichen Arbeit voraus. Eine Grundvoraussetzung dafür bildet die Verwirklichung der in der Volkswirtschaft zu erzielenden Arbeitszeiteinsparung von 490 Mio Stunden 1981 bis auf über 600 Mio Stunden im Jahre 1985.[36] Die weitere Intensivierung des volkswirtschaftlichen Reproduktionsprozesses in seiner Gesamtheit und die so erreichten Produktivitäts- und Effektivitätsfortschritte bilden die entscheidende Voraussetzung für die weitere Entwicklung des Verhältnisses von Arbeitszeit und arbeitsfreier Zeit und für deren Qualität.

1.3. Umwandlung von arbeitsfreier Zeit in Freizeit als wichtige Reproduktionsbedingung

Die arbeitsfreie Zeit, ihre Größe und sinnvolle Nutzung bildet den zweiten elementaren Grundbestandteil des gesellschaftlichen Zeithaushalts. Die Art und Weise der Gestaltung der arbeitsfreien Zeit ist eine wichtige Reproduktionsbedingung für die Mitglieder der sozialistischen Gesellschaft, für deren Arbeitsvermögen und Persönlichkeitsentfaltung, für ihre soziale Sicherheit und Geborgenheit. Unter den Bedingungen der wissenschaftlich-technischen Revolution steigen zusammen mit dem sich verändernden Charakter der Arbeit vor allem die Anforderungen an die Qualität des Arbeitsvermögens. Steigende Produktivität und Intensität der Arbeit sind gleichzeitig von der Erscheinung begleitet, daß körperlich schwere, manuelle, gesundheitsschädigende, wenig qualifizierte Arbeit reduziert wird und höher qualifizierte Arbeit mit einem zunehmenden Anteil schöpferischer Elemente, mit leitenden, regulierenden, kontrollierenden Tätigkeiten zunimmt, daß sich die landwirtschaftliche Arbeit der industriellen Arbeit annähert, daß u.a. das Tempo im Arbeitsprozeß generell zunimmt, so daß insgesamt die nervale Beanspruchung auf Kosten der physischen Inanspruchnahme im Arbeitsprozeß wächst.

Daraus leiten sich höhere und qualitativ veränderte Reproduktionserfordernisse für die Gestaltung der arbeitsfreien Zeit ab. Niveau und Steigerung der gesellschaftlichen Arbeitsproduktivität als der entscheidenden Komponente für wirtschaftliches Wachstum und sozialen Fortschritt sind ihrerseits an bestimmte Voraussetzungen gebunden. Hierzu zählt auch ein ausgewogenes Verhältnis zwischen den Größen der Arbeitszeit und der arbeitsfreien Zeit sowie eine rationelle und sinnvolle, d.h. das Arbeitsvermögen erweitert reproduzierende und die Persönlichkeitsentwicklung fördernde Verwendung und Nutzung der arbeitsfreien Zeit. Das zu gewährleisten, stellt sich bei der Durchsetzung der Ökonomie der Zeit als besondere Aufgabenstellung dar. Es geht darum, auch in der arbeitsfreien Zeit "alle Bedingungen zu schaffen, damit sich die gesellschaftlichen Beziehungen und die körperlichen und geistigen Fähigkeiten der Menschen voll entfalten können, alle Möglichkeiten zu eröffnen, daß sie ihr Leben inhaltsreich und kulturvoll zu gestalten vermögen, daß das Denken und Handeln der Werktätigen von der sozialistischen Ideologie, der marxistisch-leninistischen Weltanschauung der Arbeiterklasse geprägt wird".[37]

Damit wird einer Voraussage von Marx entsprochen, der schrieb, daß die künftige Gesellschaft vor der Aufgabe stehen wird, "das Teilindividuum, den bloßen Träger einer gesellschaftlichen Detailfunktion, durch das total entwickelte Individuum"[38] zu ersetzen. Das Verwirklichen solcher spezifisch sozialistischer Reproduktionsbedingungen für die Gesellschaftsmitglieder bildet die Grundlage dafür, daß die Produktivkraft des Menschen rückwirkend intensiver und effektiver im Arbeitsprozeß wirksam wird.

"Die freie Zeit - die sowohl Mußezeit als Zeit für höhre Tätigkeiten ist - hat ihren Besitzer natürlich in ein andres Subjekt verwandelt und als dies andre Subjekt tritt er dann auch in den unmittelbaren Produktionsprozeß."[39] Eben darin liegt neben der relativen Verringerung der notwendigen Arbeitszeit, der Umwandlung arbeitsfreier Zeit in Freizeit und ihrer Vergrößerung und der persönlichkeitsbildenden und -reproduzierenden Nutzung der Freizeit die Bedeutung der Ausnutzung des Gesetzes der Ökonomie der Zeit. Die Freizeit, ihre Vergrößerung und ihre sinnvolle Gestaltung hat im Sozialismus aus gesellschaftlicher wie individueller Sicht einen außerordentlich hohen Stellenwert, der sowohl als Voraussetzung für die Persönlichkeitsentwicklung als auch besonders als Stimulus für eine beschleunigte Produktivitätsentwicklung und Leistungssteigerung künftig einen noch höheren Rang einnehmen wird. Zugleich muß aber berücksichtigt werden, daß der weiteren Ausdehnung der Freizeit auf Kosten verkürzter Arbeitszeit enger werdende Grenzen gesetzt sind. Hinsichtlich weiterer, im Bereich der gesellschaftlichen Zielstellungen liegender angestrebter und reproduktionsseitig notwendiger Vergrößerung der Freizeit einerseits und des quantitativ nahezu restlos ausgeschöpften gesellschaftlichen Arbeitsvermögens, bezogen auf die Bevölkerung im arbeitsfähigen Alter, sowie eines zur Zeit weitere Arbeitszeitverkürzungen mehr oder weniger ausschließenden Wachstums der gesellschaftlichen Arbeitsproduktivität andererseits, stellt sich die Umwandlung von arbeitsfreier Zeit in Freizeit und deren sinnreiche Nutzung als eine wesentliche Aufgabe im Prozeß der umfassenden Intensivierung des Reproduktionsprozesses. Denn soweit auch grundlegende Seiten für die Persönlichkeitsentfaltung und die Reproduktion des Menschen in der Arbeitszeit (zum Teil in den Pausen, Qualifizierung u.a.) verwirklicht werden, können doch andere wichtige Reproduktionsbedürfnisse des Menschen nur während der arbeitsfreien Zeit und in der Freizeit befriedigt werden. Dazu gehören die physiologischen Bedürfnisse, die geistig-kulturelle Entwicklung,

Kinderpflege und -erziehung, Erholung, Sport und anderes mehr. Eine höhere Qualität in der Befriedigung dieser Bedürfnisse im gleichen Volumen an arbeitsfreier Zeit läßt sich vorwiegend nur durch eine intensivere Nutzung der arbeitsfreien Zeit erreichen, wobei die Befriedigung der physiologischen Bedürfnisse, die einen erheblichen Teil der arbeitsfreien Zeit beansprucht, mindestens auf dem derzeitigen Stand weiterhin gewährleistet bleiben muß.

Im Mittelpunkt der zweiten Quelle zur Gewinnung von Zeit stehen insbesondere Möglichkeiten und Wege zur Verringerung in der arbeitsfreien Zeit auftretender notwendiger, mit der Befriedigung elementarer Bedürfnisse (Ernähren, Bekleiden, Wohnen) sowie mit der Arbeitstätigkeit (Wegezeiten von und zur Arbeit) verbundener und anderer Zeitaufwendungen. Dieser Weg zur Vergrößerung des verfügbaren Zeitvolumens, das verschiedenartig genutzt werden kann (z. B. für die Befriedigung von Bedürfnissen höherer Rangordnung, als Arbeitszeit, in reproduktiver Form, als wirkliche Freizeit), erlangt gegenwärtig und vor allem künftig zunehmendes Gewicht, auch im Verhältnis zu weiteren Verkürzungen der Arbeitszeit. Geht man davon aus, daß die tägliche Arbeitszeit sowie die unumgängliche Befriedigung der physiologischen Bedürfnisse des Menschen (Schlaf, Einnehmen von Mahlzeiten, Körper- und Gesundheitspflege) zwei relativ konstante große Komplexe der täglichen Zeitaufwendungen bilden, die zusammen annähernd 70 % der Tageszeit in Anspruch nehmen, und die durchschnittliche tägliche Freizeit 3 3/4 Stunden beträgt, dann geht es hierbei vor allem um die Verringerung der täglichen Hausarbeitszeit von durchschnittlich fast 3 1/2 Stunden (vgl. dazu Abbildung 3). Zeitaufwendungen für die Speisenzubereitung, die Reinigung der Wohnung und der Wäsche als Hauptbestandteile der Hausarbeitszeit stehen dabei in bezug auf ihre zeitliche Verminderung im Vordergrund. Möglichkeiten zur Einsparung von Hausarbeitszeiten bestehen insbesondere

- in der Nutzung zeitsparender Konsumgüter.

Das ist nicht nur abhängig von dem Familieneinkommen, sondern setzt auch eine umfangreiche Konsumtionsmittelproduktion unter entsprechend großem Einsatz an Ressourcen voraus. Außerdem wird in Abhängigkeit von der Quantität und der Qualität dieser Konsumgüter ein dementsprechendes Angebot an Service- und Reparaturdiensten und -einrichtungen notwendig. Nicht unerwähnt bleiben darf hier deshalb die Produktion qualitativ verbesserter, höher ver-

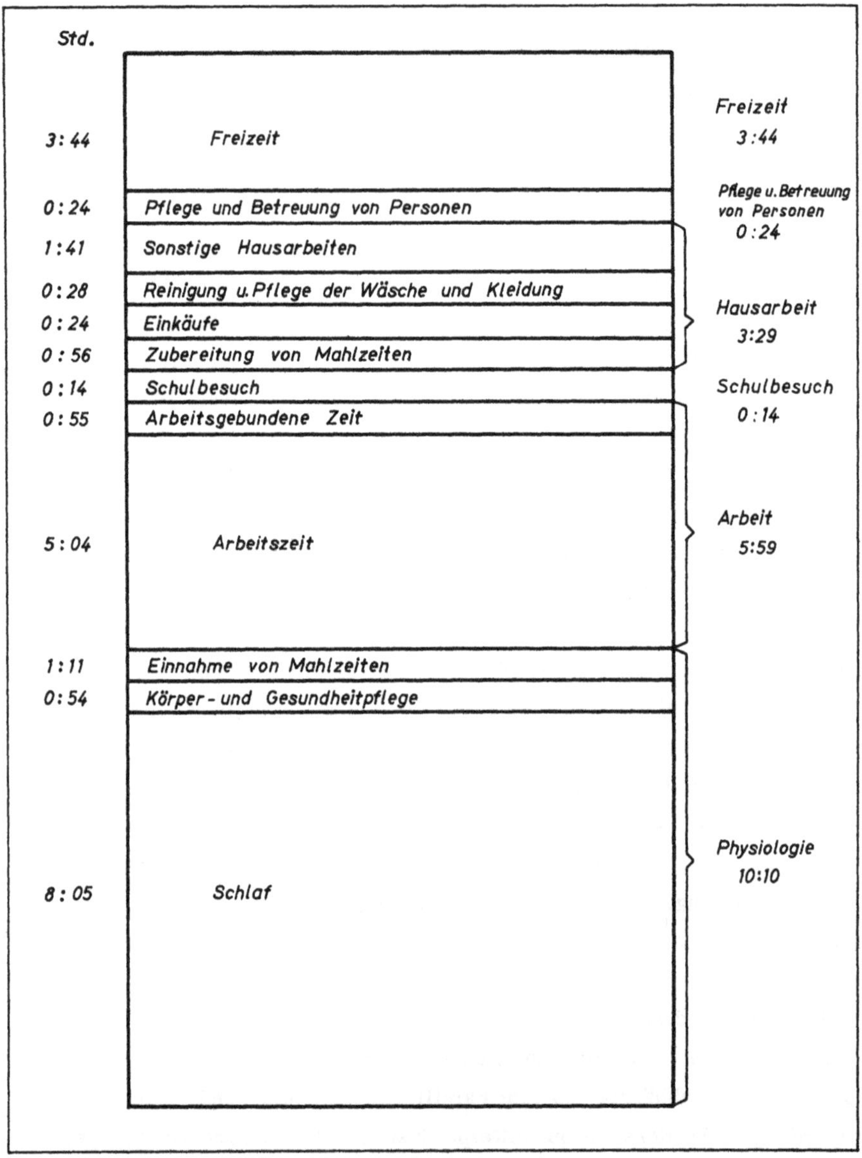

Abbildung 3: Druchschnittliche tägliche Zeitverwendung je Person (über 16 Jahre) in Arbeiter- und Angestelltenhaushalten
Quelle: Ergebnisse der Zeitbudgeterhebung in Haushalten von Arbeitern und Angestellten; Staatliche Zentralverwaltung für Statistik 1974, Berlin 1975.

edelter, konsumreiferer Erzeugnisse, die sich bei der Konsumtion zeitsparend auswirken, weniger störanfällig sind und insgesamt von ihren Gebrauchswerteigenschaften her auf höherem Niveau stehen;

- in der Substitution von Konsumgütern durch Dienstleistungen. Ihre zeitlichen Vorteile sind noch größer. Allerdings erfordert sie bei der Errichtung und dem Ausbau entsprechender Einrichtungen den Einsatz von mehr Arbeitskräften und -mitteln;

- in der gesellschaftlichen bzw. gemeinschaftlichen Nutzung von Konsumgütern. In der Entwicklung und Nutzung gesellschaftlicher Formen der Konsumtion werden zeitliche und ressourcenmäßige Vorteile zur Wirksamkeit gebracht, aber diese Konsumtionsformen werden die individuelle Konsumtion immer nur zu einem Teil ersetzen können.

Im Zusammenhang mit der umfassenden Intensivierung ist eine endproduktbezogene, beim Anwender zum Tragen gelangende Zeitökonomie durchgängig anzustreben. Was für die produktive Konsumtion hinsichtlich der Verringerung des gesellschaftlich notwendigen Arbeitsaufwandes je Produkt als Hauptziel schon immer gilt, das sollte für den Nutzeffekt der Konsumtionsmittel in der individuellen Konsumtion im Hinblick auf Zeitökonomie, dort wo es zweckmäßig ist, ebenfalls zu einem wesentlichen Anliegen werden.[40] Alle Bereiche der Volkswirtschaft müssen, ausgehend von ihren konkreten und spezifischen Bedingungen, zur Erhöhung der Effektivität des gesamten Reproduktionsprozesses auch unter diesem Zeitaspekt beitragen. Das Problem der Vervollkommnung und der Effektivität der materiell-technischen Basis im Sozialismus umfaßt daher im Zusammenhang mit dem Gebrauchswert auch den Gewinn von Zeit als eine seiner spezifischen gesellschaftlichen Funktionen. Je zielbewußter in dieser Beziehung und je geringer der für die jeweiligen Bedürfnisse und deren Befriedigung erforderliche gesellschaftliche Zeitaufwand und je größer die bedürfnisbefriedigenden und zeitökonomischen Effekte beim Anwender, um so größer werden die Möglichkeiten für die Befriedigung neuer Bedürfnisse und für die Durchführung der damit verbundenen volkswirtschaftlichen Strukturveränderungen sein, um so mehr Zeit wird allen Mitgliedern der Gesellschaft für die allseitige Persönlichkeitsentfaltung zur Verfügung stehen.

Wichtig ist für den Gewinn von Freizeit auch die Verringerung der Wege- und Wartezeiten, die mit der Inanspruchnahme von Handels- und Dienstleistungseinrichtungen, mit dem Aufsuchen von Einrichtungen des Gesundheitswesens, staatlicher Verwaltungseinrichtungen und dergleichen sowie mit den zur und von der Arbeitsstelle zurückzulegenden, durch die weitere Vergesellschaftung der Produktion tendenziell zunehmenden Entfernungen verbunden sind. Dazu tragen bessere Leistungen sowohl des Transport- und Verkehrswesens als auch ein der territorialen Verteilung nach optimaler Ausbau des Netzes derartiger Einrichtungen bei.

Die Umwandlung von arbeitsfreier Zeit in verfügbare Zeit, insbesondere in Freizeit, schließt somit eine beschleunigt wachsende Leistungsfähigkeit der nichtproduzierenden Bereiche und des Handels, des Gaststättenwesens, der Transport- und Kommunikationseinrichtungen und anderes ein. Den nichtproduzierenden Bereichen der Volkswirtschaft kommt hierbei insofern besondere Bedeutung zu, daß sie für ein höheres Niveau der Zeitökonomie und -verwendung gegenwärtig aus den schon erwähnten reproduktiven Ursachen quantitativ wachsende und qualitativ neue Aufgaben zu bewältigen haben.

Die Verteilung und Umverteilung von Ressourcen, von lebendiger und vergegenständlichter Arbeit zugunsten der nichtproduzierenden Bereiche ist im bisherigen Verlauf überwiegend durch extensive Entwicklungstendenzen gekennzeichnet. Das betrifft besonders die Anzahl der in diesen Bereichen beschäftigten Arbeitskräfte, deren Anteil an allen Berufstätigen in der Volkswirtschaft zwischen 1960 und 1978 um 3,7 Prozentpunkte auf 19,0 % stieg. Mit diesem Anteil nimmt die DDR nach der UdSSR den zweiten Rang bei einer vergleichenden Untersuchung sozialistischer Länder ein.[41] Absolut bedeutet das für den Zeitraum von 1960 bis 1978 eine Zunahme der Beschäftigtenanzahl um mehr als 400 000 Arbeitskräfte in den nichtproduzierenden Bereichen, die auf der Arbeitsproduktivitätssteigerung in den produzierenden Bereichen (vor allem Freisetzungen aus der Landwirtschaft) sowie auf der Einbeziehung von Arbeitskräftereserven aus der nichtberufstätigen Bevölkerung beruhten.[42] Während zwischen 1960 und 1978 die Gesamtzahl der in der Volkswirtschaft Beschäftigten noch um 5,6 % erhöht werden konnte, verringerte sie sich in der stofflichen Produktion um 2,9 %, wuchs aber in den nichtproduzierenden Bereichen um 34,3 %.[43] Eine wesentliche Veränderung in den Entwicklungstendenzen der Verteilung des gesellschaftlichen Arbeitsvermögens wird seit Mitte der siebziger Jahre erkennbar. In der stofflichen Produktion wird wieder eine wachsende Arbeitskräftezahl gebunden, und die Mobilisierung zusätzlicher Arbeitskraftreserven verliert zwangsläufig an Bedeutung. Während zwischen 1976 und 1978 die Gesamtzahl der Berufstätigen um 100 000 Arbeitskräfte zunahm, betrug der Zuwachs der Berufstätigen in der Industrie gleichzeitig 30 000, in der Bauwirtschaft 11 000, in den sonstigen produzierenden Zweigen 12 000 Arbeitskräfte. Die Verringerungen der Zahl der Berufstätigen in der Land- und Forstwirtschaft (um 1000 Arbeitskräfte) und im produzierenden Handwerk (um 4 000 Berufstätige) blieben dagegen weit niedriger als im Zeitraum bis einschließlich 1975.[44] Folglich wurden weitere Umverteilungsprozesse von Arbeitskräften zugunsten der nichtproduzierenden Bereiche ganz erheblich eingeschränkt. Jeder durch die Bedürfnisentwicklung bedingte Mehrbedarf an Arbeitskräften für die nichtproduzierenden Bereiche ist nur noch zu decken, wenn auch die Industrie als größter Volkswirtschaftsbereich durch ein höheres Tempo der Arbeitsproduktivitätssteigerung gegenüber dem Produktionswachstum absolut Arbeitskräfte freisetzt. Allein mit der Produktivitätsentwicklung in den Bereichen der gesellschaftlichen Produktion wird über die Reproduktion und deren Erweiterung in den nichtproduzierenden Bereichen, über deren weitere materiell-technische Ausstattung und damit über deren Leistungspotential entschieden. Die bisherige Entwicklung der Grundfondsausstattung der Arbeitskräfte in den nichtproduzierenden Bereichen weist infolge der schnellen Zunahme der Beschäftigtenzahl und der Begrenztheit der Akkumulationsmittel zwischen 1960 und 1978 einen dem wertmäßigen Volumen nach fast parallelen Verlauf mit der Zunahme der Anzahl der Arbeitskräfte auf, so daß die Ausstattung je Arbeitskraft 1978 im Durchschnitt 102,4 % gegenüber 1960 (= 100 %) betrug.[45]

Der Anteil der nichtproduktiven Investitionen und der Zuwachs an den nichtproduzierenden Grundfonds konzentriert sich von der Größenordnung her eindeutig auf den Bereich der Wohnungswirtschaft (vgl. Tabellen 4 und 5). Für den Wohnungsbau wurden etwa 45 % aller Investitionen der nichtproduzierenden Bereiche eingesetzt. Absolut gesehen, erhöhte sich die Summe dieser Investitionen zwischen 1960 und 1978 auf annähernd das Zweieinhalbfache, aber auch die gesellschaftlichen Aufwendungen für die Bereiche, die vornehmlich in Form der gesellschaftlichen Konsumtion die erweiterte Reproduktion der Arbeitskraft sichern, nahmen schnell zu.

Die demographische Entwicklung in der DDR stellt neben den spezifischen Anforderungen aus dem außerordentlich hohen Beschäftigungsgrad der Frauen

Tabelle 4

Entwicklung des Wertvolumens und der Strukturanteile der Investitionen der nichtproduzierenden Bereiche in der Volkswirtschaft der DDR

Jahr	Wertvolumen der Investitionen (in Mio M, vergleichbare Preise von 1975)			Strukturanteile an den Investitionen der Volkswirtschaft insgesamt (in %)		
	nichtproduzierende Bereiche insgesamt	darunter: Wohnungsbau	darunter: kulturelle und soziale Einrichtungen	nichtproduzierende Bereiche insgesamt	darunter: Wohnungsbau	darunter: kulturelle und soziale Einrichtungen
1960	3626	2021	565	22,3	12,4	3,5
1965	3291	1724	639	15,9	8,3	3,1
1970	5834	2059	1311	17,4	6,1	3,9
1975	8277	3482	2002	19,7	8,3	4,8
1978	9800	4400	2302	20,0	9,0	4,7

Quelle: Statistisches Jahrbuch der DDR 1979, Berlin 1979, S. 79/80.

Tabelle 5

Entwicklung und Struktur der Investitionen für ausgewählte Zweige der nichtproduzierenden Bereiche der Volkswirtschaft der DDR (Investitionen der nichtproduzierenden Bereiche = 100)

Jahr	Wohnungs- und Kommunalwirtschaft, Dienstleistungen		Wissenschaft, Bildung, Kultur und Kunst		Gesundheitswesen, soziale Betreuung, Körperkultur	
	Mio M	Anteil %	Mio M	Anteil %	Mio M	Anteil %
1960	2 149	59,3	471	13,0	180	5,0
1965	1 864	56,6	540	16,4	202	6,1
1970	2 573	44,1	1 246	21,4	490	5,9
1975	4 521	54,6	1 573	19,0	828	10,0
1978	5 642	55,5	1 949	19,2	1 035	10,2

Quelle: Statističeskij ežegodnik stran-členov, Soveta ėkonomičeskoj vzaimopomošči 1979, Moskva 1979, S. 169, 174/175.

weitere differenzierte Anforderungen an das Leistungsvermögen der nichtproduzierenden Bereiche. Die unterschiedliche relative und absolute Entwicklung der Bevölkerungszahl und bestimmter Bevölkerungsgruppen (Kinder im Vorschulalter, Kinder im schulpflichtigen Alter, Personen im arbeitsfähigen Alter, Rentner) verändert im Zeitverlauf die Bedarfsstruktur an Leistungen der nichtproduzierenden Bereiche. Daraus ergeben sich Probleme der Grundfondsausnutzung und -reproduktion innerhalb und zwischen den nichtproduzierenden Bereichen.

Weitere wachsende Erfordernisse an die Leistungsentwicklung und erweiterte Reproduktion der nichtproduzierenden Bereiche und über diese hinaus an die Produktion gehen von den Reproduktionsbedürfnissen des Menschen und ihren zeitlichen Bedingungen in der arbeitsfreien Zeit aus. Sie stehen mit Strukturveränderungen im Verbrauch von Konsumgütern sowie mit dem wachsenden Verbrauch von Leistungen im Zusammenhang und wirken in erheblichem Maße auf die Produktionsstruktur ein. So verändern sich beispielsweise Volumen und Zusammensetzung der technischen Konsumgüter und übrigen Industriewaren besonders rasch, wovon die durchschnittlichen jährlichen Steigerungsraten zeugen. Erhöhte sich von 1961 bis 1965 der durchschnittliche jährliche Einzelhandelsumsatz an diesen Industriewaren um 2,8 %, so waren es im Zeitraum 1966 bis 1970 bereits 5,5 % und in den Jahren 1971 bis 1975 sogar jährlich 7,7 %. Zwischen 1976 und 1978 wurden jährlich 5,7 % mehr derartige Industriewaren an die Bevölkerung verkauft.[46] Noch deutlicher wird diese Tendenz in den Warenhauptgruppen (vgl. Tabelle 6).

Weitere spezifische Einflüsse auf die Zeitproportionen und daraus resultierende veränderte Anforderungen an den Konsumtionsfonds ergeben sich auch aus Regelungen der Arbeitszeit bzw. Verlängerung der arbeitsfreien Zeit für einzelne Gruppen der Bevölkerung. Die aus den verschiedensten ökonomischen und sozialen Gesichtspunkten erfolgten Senkungen der Arbeitszeit sind in ihren Wirkungen nicht einheitlich, was sich bei den schon erfolgten Einschränkungen der gesetzlichen Wochenarbeitszeit und dem Übergang zur durchgängigen 5-Tage-Arbeitswoche zeigte. Die Verkürzung der Arbeitszeit für vollbeschäftigte Frauen mit mehreren Kindern und bei Schichtarbeit sowie die differenzierte Verlängerung des Grundurlaubs und der ausgedehnte Wochenurlaub bei Schwangerschaft führten ebenfalls zu unterschiedlichen Strukturen der Zeitverwendung der arbeitsfreien Zeit und riefen über die

Tabelle 6

Jährliche Steigerungsraten des Einzelhandelsumsatzes in den Warenhauptgruppen der sonstigen Industriewaren im Zeitraum 1966 bis 1978 in der DDR (in %)

Warenhauptgruppe	1966-1970	1971-1975	1976-1978
Möbel, Musikinstrumente, Spielwaren, Sportgeräte, Papierwaren	5,7	7,1	4,2
Haushalts- und Wirtschaftswaren	4,1	6,5	5,4
Elektroakustik, Foto-Kino-Optik, Schmuck, Straßenfahrzeuge	5,4	9,7	5,4
Artikel für die Körper- und Gesundheitspflege, chemische Erzeugnisse	6,2	5,1	6,6
Baustoffe, Nutzholz, Brennstoffe	6,5	9,4	8,6

Quelle: Statistisches Jahrbuch der DDR 1979, Berlin 1979, S. 221.

daraus resultierenden Veränderungen im Bedarf an Dienstleistungen und Konsumgütern modifizierte Anforderungen an den Intensivierungsprozeß und an das Leistungsvermögen der materiell-technischen Basis hervor.

Für das Volumen und die Verwendung der arbeitsfreien Zeit allgemein und der Freizeit insbesondere erhält die Inanspruchnahme von Dienstleistungen zunehmendes Gewicht. Das zeigt sich beispielsweise am Angebot und an den Leistungen entsprechender Einrichtungen für konsumtionswirksame Dienstleistungen und der Infrastruktur, wie in Tabelle 7 ersichtlich. Betrachtet man in diesem Zusammenhang die relative Entwicklung des Verbrauches von Konsumgütern und Leistungen, dann zeigt diese für den Verbrauch der Arbeiter- und Angestelltenhaushalte in der DDR von Konsumgütern zwischen 1960 und 1978 einen Anstieg auf 195 % und bei der Inanspruchnahme von bezahlten und unentgeltlichen nichtmateriellen Leistungen einen Zuwachs auf 281 %.[47] Neben anderen Ursachen widerspiegeln sich darin auch zeitliche Vorteile solcher Dienstleistungen und Substitutionen von Konsumgütern durch Leistungen.

Tabelle 7

Bestands- und Leistungskennziffern von konsumtionswirksamen Dienstleistungen und Infrastruktureinrichtungen in der DDR

	Einheit	1960	1970	1978
Speisewirtschaft				
Gaststättenumsatz (einschließlich Werkküchen)	Mio M	4 402	6 315	8 748
Gaststätten	Anzahl	34 423	34 235[1]	32 815[2]
Textilreinigung				
Wäschereileistungen für die Bevölkerung	1000 t	133,9[3]	172,3	215,2
Chemische Reinigung	Mio M	59,3	121,1	143,2
Wohnungswesen				
Wohnungsbestand	1000	5 507[3]	6 117[4]	6 622[5]
Ausstattungsgrad von Neubauwohnungen:				
mit Zentralheizung	%	8,9	73,8	94,8
mit Warmwasser	%	17,5	98,8	100,0
mit Bad bzw. Dusche	%	99,1	99,3	100,0
Personenverkehr				
Gefahrene Zugkilometer im Reiseverkehr	Mio km	106,4	118,0	138,3
Bestand an Omnibussen	Anzahl	9 365	16 686	23 824[5]
darunter:				
Städtischer Nahverkehr	Anzahl	961	1 493	2 190
Taxibestand	Anzahl	4 687	5 566	5 864
Kommunikation				
Postämter	Anzahl	1 693	1 727	2 049
Poststellen	Anzahl	9 699	9 989	9 839
Fernsprechstellen je 100 Einwohner	Anzahl	7,5	12,3	17,7
Sendestunden des Fernsehens	Stunden/Jahr	3 007	6 028	7 290
Bildung und Kultur				
Kindergärten und Wochenheime	Anzahl	8 890	11 087	11 807

Fortsetzung der Tabelle 7

	Einheit	1960	1970	1978
Unterrichtsräume in allgemeinbildenden Schulen (POS, EOS, Sonderschulen)	Anzahl (in 1000)	63,2	89,6	112,9
darunter:				
für Fachunterricht	(in 1000)	.	20,3	67,7
Universitäten und Hochschulen	Anzahl	44	54	53
Buchbestand:				
in staatlichen Allgemeinbibliotheken	Mio Stück	12,5	20,6	33,1
in Gewerkschaftsbibliotheken	Mio Stück	5,4	6,7	8,5
in wissenschaftlichen Bibliotheken	Mio Stück	.	27,7	33,2
Kultur- und Klubhäuser	Anzahl	.	944	1 054
Theater	Anzahl	87	101	140
Museen	Anzahl	519[6]	552	641
<u>Sport und Erholung</u>				
Sportplätze	Anzahl	916	924	1 149
Sporthallen und -räume über 180 m^2	Anzahl	3 072	3 644	4 663
Hallenschwimmbäder	Anzahl	52	96	170
Übernachtungsplätze in Jugendherbergen	(in 1000)	19,6	21,4	22,5
FDGB-Ferienheime:				
Eigenheime	Anzahl	398	631	655
Betten in Eigenheimen	(in 1000)	17,4	25,5	42,4
<u>Gesundheits- und Sozialwesen</u>				
Polikliniken	Anzahl	399	452	546
darunter:				
in Betrieben	Anzahl	89	94	116

Fortsetzung der Tabelle 7

	Einheit	1960	1970	1978
Ambulatorien	Anzahl	766	828	977
darunter:				
in Betrieben	Anzahl	177	243	320
Plätze in Kinderkrippen	Anzahl (in 1000)	81,5	166,7	261,1
Plätze in Feierabendheimen und Pflegeheimen	Anzahl (in 1000)	88,5	96,2	113,2

1 = 1968; 2 = 1976; 3 = 1961; 4 = 1971; 5 = 1977; 6 = 1965.

Quellen: Statistisches Jahrbuch der DDR 1970, Berlin 1970, S. 364; ebenda 1979, S. 142, 145, 197, 201, 203, 209, 225/226, 281/282, 286, 288, 297, 306/307, 309, 311, 313, 315, 318, 323, 325, 332, 336/337.

Aus dem wachsenden Ausstattungsgrad der Haushalte mit Konsumgütern (vgl. Tabelle 8), die notwendige Hausarbeiten erleichtern und deren Durchführung beschleunigen helfen (z. B. bei der Speisenzubereitung, der Pflege der Wohnung, der Reinigung von Wäsche und anderes mehr) bzw. zur Einschränkung arbeitsgebundener Wegezeiten und Einkaufszeiten beitragen (Fahrzeuge), lassen sich nicht unerhebliche Gewinne an Freizeit ableiten.[48]

Tabelle 8

Ausstattung der Haushalte mit langlebigen Konsumgütern

	1960	1970	1978
Haushaltkühlschränke je 100 Haushalte	6,1	56,4	98,6
Haushaltwaschmaschinen je 100 Haushalte	6,2	53,6	78,8
Personenkraftwagen je 100 Haushalte	3,2	15,6	34,1
Fernsehempfänger je 100 Haushalte	16,7	69,1	86,5

Quelle: Statistisches Jahrbuch der DDR 1979, Berlin 1979, S. 270.

Nach Untersuchungen des Instituts für Marktforschung Leipzig wurde eine theoretisch mögliche Zeiteinsparung bei der Hausarbeit durch die Nutzung verschiedener zeitsparender Konsumgüter von 770 bis 905 Stunden jährlich für den Durchschnittshaushalt ermittelt (vgl. Tabelle 9).

Bei einem jährlichen Hausarbeitsaufwand von etwa 2500 Stunden je Durchschnittshaushalt ergäbe sich daraus eine mögliche Zeitersparnis von etwa 31 bis maximal 36 % der gesamten dafür aufgewendeten Zeit. Diese mögliche Zeitersparnis erscheint von ihrer Größenordnung her sehr hoch, denn abgesehen davon, daß diese theoretisch mögliche Ersparnis an Hausarbeitszeit eine entsprechende Ausstattung der Haushalte voraussetzt, die allein schon an die verfügbaren Produktionsressourcen kaum realisierbare Anforderungen stellt, zeigt sich zudem in der Praxis, daß die mit der Nutzung der zeitsparenden Konsumgüter verbundenen Pflege- und Wartungszeiten sowie auch auftretende Funktionsstörungen und deren Beseitigung zusätzliche Zeitaufwendungen verursachen. Ließen sich die Aufwendungen des Verbrauchers und der Gesellschaft für Reparaturleistungen durch verbesserte Qualität der Erzeugnisse auch verringern, so stellt doch diese massenhafte individuelle Ausstattung der Haushalte mit derartigen vor allem technischen Konsumtionsmitteln hohe und steigende Anforderungen an die volkswirtschaftlichen Ressourcen, die von der Rohstoff- und Energiegewinnung bis zur Entsorgung und Umweltbelastung reichen. Außerdem ist der Nutzungsgrad, d.h. die eigentliche Funktionsdauer derartiger Konsumgüter, im individuellen Haushalt in der Regel sehr niedrig. Man sollte auch nicht außer acht lassen, daß diese an die Haushaltseinkommen gebundene Form möglicher Freizeitgewinne mit deren zunehmender Größe und Differenzierung von recht unterschiedlich wachsendem Umfang sein können.

Die weitreichenden Veränderungen in Umfang und Struktur der arbeitsfreien Zeit beeinflussen nachhaltig die Anforderungen an die materiell-technischen Bedingungen entsprechender Dienstleistungen und Konsumgüter sowie damit gleichfalls die Produktionsstruktur und eine Reihe volkswirtschaftlicher Proportionen.

Welche der angedeuteten Wege und Möglichkeiten aus den verschiedenen Rationalisierungs- bzw. Intensivierungsformen der arbeitsfreien Zeit zur Gewinnung von Zeit und in welchen anteiligen Kombinationen gewählt werden, ist von

Tabelle 9

Theoretisch mögliche Zeiteinsparung in einem durchschnittlichen Haushalt durch Nutzung verschiedener zeitsparender Konsumgüter

Verringerung des Zeitaufwandes für Hausarbeiten durch Einsatz von	Theoretisch mögliche Verringerung Stunden/Jahr
Speisenzubereitung	
Nahrungsmittel mit hoher Konsumreife	50 - 100
Küchenmaschinen	25 - 50
Küchenmaschinen und Tiefkühltruhen	50
Geschirrspülautomaten	100
Kühlschränke	10 - 30
andere Hilfsmittel	50
gesamt	285 - 380
Reinigung der Wohnung	
Einrichtungsgegenstände	50
chemische Reinigungsmittel	80
technische Gebrauchsgegenstände	25
gesamt	155
Reinigung der Wäsche	
pflegeleichte Bekleidung und Wäsche	40 - 80
Waschvollautomaten und chemische Reinigungsmittel	115
gesamt	155 - 195
Einkaufen	
Kühlmöbel	75
Sonstige Hausarbeiten	
Gas- und elektrische Heizgeräte	100
Hausarbeit gesamt	770 - 905

Quelle: W.D. Hartmann, Zur ökonomischen Analyse individueller Konsumtionsprozesse als einer Grundlage für die Bedürfnisforschung und die langfristige Planung. Zitiert nach: R. Müller/L. Neumann, Zeitfaktor und Hauptaufgabe, Berlin 1976, S. 104.

unterschiedlicher und veränderlicher Bedeutung für die Proportionen des Aufkommens und der Verwendung des gesellschaftlichen Gesamtprodukts.

Die Notwendigkeit und künftig noch größere Bedeutung der Umwandlung von arbeitsfreier Zeit in Freizeit durch effektivere Nutzung der arbeitsfreien Zeit sowie deren sinnvolle, persönlichkeitsfördernde Gestaltung ist unbestreitbar. Sie stellt eine Grundvoraussetzung sowohl für die Verwirklichung der Allgemeinheit der Arbeit dar, die zur quantitativen Vergrößerung des verfügbaren gesellschaftlichen Arbeitsvermögens führt, als auch für die erweiterte Reproduktion der Hauptproduktivkraft, die eine höhere Qualität dieses Arbeitsvermögens verkörpert. Dieser Umwandlungsprozeß vergrößert die Möglichkeiten der für die Bedürfnisse höherer Rangordnung zu verwendenden Zeitanteile. Ein wichtiger Bezugspunkt besteht hierbei in der weiteren Herausbildung der sozialistischen Lebensweise, ein anderer in der Aufrechterhaltung eines optimalen Verhältnisses zwischen volkswirtschaftlichem Aufwand und Zeitgewinn auf der Grundlage der jeweils gegebenen ökonomischen Möglichkeiten. Schließlich wird in jeder konkreten Situation unter Bezugnahme auf das Wechselverhältnis zwischen Quantität und Qualität der Arbeitszeit sowie Umfang und Nutzung der arbeitsfreien Zeit und seiner rückwirkenden Aktivierung abzuleiten sein, was für die Gesellschaft effektiver ist, vorrangig Produktionszeit- oder Konsumtionszeitaufwendungen (oder beides gleichzeitig) einzusparen. In diesem Sinne erscheint es angebracht und gerechtfertigt, die zweckgebundenen Zeitaufwendungen der Gesellschaftsmitglieder zur Befriedigung ihrer nach Komplexen gegliederten Bedürfnisse in der gesellschaftlich organisierten Arbeitszeit und während der arbeitsfreien Zeit gemeinsam quantitativ zu erfassen und zu analysieren.

2. Analyse der Proportionen des gesamtgesellschaftlichen Zeitaufwandes und der Zeitbindung mit Hilfe von Zeitbilanzen

2.1. Aufstellung von Zeitbilanzen als Instrument der volkswirtschaftlichen Gesamtrechnung

Eine Möglichkeit zur quantitativen Untersuchung der Zeitverwendung der Gesellschaft und ihrer Mitglieder in Höhe von jährlich 148 Mrd. Personenstunden (16,9 Mio Einwohner x 24 Stunden x 365 Tage) unter den gegebenen ökonomischen und technisch-organisatorischen Bedingungen besteht in der Erarbeitung von gesamtgesellschaftlichen Zeitbilanzen, um das volle Ausmaß der von der Gesellschaft zur Befriedigung ihrer Bedürfnisse benötigten Aufwendungen zu erfassen. Welche statistisch-analytischen Materialien stehen für eine solche umfassende Zeituntersuchung zur Verfügung?

Im gesellschaftlichen Maßstab ist es möglich, mit Hilfe der volkswirtschaftlichen Verflechtungsbilanz, der repräsentativen Erhebungen über das Zeitbudget der Bevölkerung sowie weiterer statistischer Angaben das in allen Phasen des Reproduktionsprozesses verausgabte Volumen der Arbeitszeit und der arbeitsfreien Zeit nach seiner Zweckbestimmung zu ermitteln. Die Handlungen der gesamten Bevölkerung der DDR können auf ihrer Grundlage in Form von Zeitmengen für sämtliche Tätigkeiten unter Nutzung der vorliegenden, periodisch durchgeführten repräsentativen Erhebungen zur Zeitverwendung der Bevölkerung vergleichbar ermittelt werden. Die auf effektiven Ergebnissen des Jahres 1974 basierenden Berechnungen der Zeitbilanzen zeigen zunächst durch die Verwendung eines einheitlichen, durchgängigen Bewertungsmaßstabs für den Aufwand im gesamten Reproduktionsprozeß das reproduzierbare methodische Vorgehen in der Ermittlung des Gesamtaufwands. Die Berechnungen sind aber auch geeignet, für einen längeren Zeitraum einen Einblick in die inneren Zeitproportionen des Reproduktionsprozesses der Gesellschaft in der DDR zu geben. Es ist bei allen Einschränkungen sowohl aus den

Untersuchungen der materiellen Produktion mit Hilfe der volkswirtschaftlichen Verflechtungsbilanz 1968 und 1972 als auch aus vorhandenen Zeitreihen über die Entwicklung der Zeitverwendung der Bevölkerung bekannt, daß eine derartige Abstraktionsstufe Ergebnisse von Strukturanalysen über mehrere Jahre relativ stabil hält, sprunghafte Veränderungen der Proportionen nicht zu erwarten sind und diese relative Inelastizität es daher rechtfertigt, auch gegenwärtig noch mit den ermittelten Verteilungsproportionen des gesellschaftlichen Zeitfonds zu arbeiten, zumal hier die jüngsten überhaupt durch die Staatliche Zentralverwaltung für Statistik veröffentlichten Zeitkennzahlen verarbeitet sind.[49]

Den Ausgangspunkt der aufgestellten Zeitbilanzen stellen die Erhebungen über die Zeitverwendung der Bevölkerung dar. Solche Untersuchungen erfassen in der Regel mindestens folgende sechs aggregierte Tätigkeitsgruppen[50] eines Kalendertages: 1. Arbeitszeit, 2. arbeitsgebundene Zeit, 3. Zeitaufwand für hauswirtschaftliche Tätigkeiten und andere Tätigkeiten zur Vorbereitung der individuellen Konsumtion, 4. Zeitaufwand für die Pflege, Betreuung und Erziehung der Kinder sowie die Betreuung erwachsener Personen, 5. Zeitaufwand für die Befriedigung vorwiegend physiologisch bedingter Bedürfnisse, 6. Freizeit. Die für die entsprechenden Tätigkeitsgruppen aufgewendeten Zeitmengen wurden unter Verwendung verschiedener Befragungsergebnisse der Jahre bis 1974, differenziert nach 12 demographischen und sozialökonomischen Merkmalen vergleichbar für die gebildeten Bedürfniskomplexe berechnet. Bedürfniskomplexe sind von der Zweckbestimmung des Endprodukts abgeleitete Zusammenfassungen, mit denen im Unterschied zur herkömmlichen, auf der gesellschaftlichen Arbeitsteilung beruhenden zweiglichen oder erzeugnisbezogenen Gliederung der gesellschaftlichen Gesamtarbeit eine Klassifikation auf volkswirtschaftlicher Ebene unter dem Gesichtspunkt des Ziels der Bedürfnisbefriedigung durchgeführt wird. Das ist mit der Gliederung der Tätigkeitsgruppen nicht möglich. In der vorliegenden Analyse wurden die Bedürfniskomplexe Ernähren, Bekleiden, Wohnen, Körper- und Gesundheitspflege, Bildung und Kultur, Verkehr und Kommunikation verwendet, die eine spezielle Aggregationsform sowohl der volkswirtschaftlichen Struktur als auch des Bedürfnissystems verkörpern. Die Zuordnung der Tätigkeiten zu den Bedürfniskomplexen erfolgte unter dem Gesichtspunkt, welchem Ziel die ausgeübte Tätigkeit dient, wobei die Zuordnung auch von Zweckmäßigkeitserwägungen (z. B. Gartenarbeit) und Vergleichsmöglichkeiten (z. B. Qualifizierungsmaßnahmen) ausging, andere

Gruppierungen jedoch auch möglich sind. Die nachstehende Klassifikation des Zeitfonds und der Bedürfnisse war vor allem mit dem Problem verbunden, vorhandene, zum Teil unterschiedlich gegliederte Befragungsergebnisse jedesmal einem Verwendungszweck zuzuordnen. Die Schwierigkeiten traten hierbei gehäuft bei den Tätigkeiten in der arbeitsfreien Zeit auf, so daß Überschneidungen und fließende Grenzen in der Zuordnung teilweise eine unvermeidliche Folge waren, zumal bestimmte Tätigkeiten auch Hobbycharakter annehmen können.

Klassifikation der Tätigkeiten

1. Arbeit[51]

1.1. Hauptberufliche Arbeit

1.2. Nebenberufliche Arbeit

1.3. Anwesenheit in der Arbeitsstätte vor und nach der Arbeit

2. Ernähren

2.1. Vor- und Zubereiten der Mahlzeiten

2.2. Einkaufen

2.3. Gartenarbeit

2.4. Einnahme von Mahlzeiten (zu Hause, im Betrieb, im Restaurant)

2.5. Geschirrspülen und -ordnen

3. Bekleiden

3.1. Waschen und Bügeln von Wäsche

3.2. Reparatur und Pflege von Kleidung und Wäsche (einschließlich Neuanfertigungen und Handarbeiten)

4. Wohnen

4.1. Reinigung der Wohnräume

4.2. Grundstücksreinigung

4.3. Besorgungen

4.4. Reparaturen an Wohnung und Hausrat

4.5. Heizen

5. Körper- und Gesundheitspflege

5.1. Persönliche Pflege

5.2. Schlafen und Ausruhen

5.3. Pflege von Kindern und Erwachsenen

5.4. Aktive sportliche Betätigung

6. Bildung und Kultur

6.1. Kindererziehung

6.2. Weiterbildung (Besuch von Vorlesungen, Teilnahme an Qualifizierungen, Besuch von Vorträgen, Teilnahme an Kursen gesellschaftlicher Organisationen, Schularbeiten)

6.3. Empfang von Fernsehen und Rundfunk

6.4. Lesen

6.5. Besuch von Sport- und Kulturveranstaltungen sowie kulturellen Einrichtungen

6.6. Sonstige Freizeittätigkeiten (Hobbys, künstlerisches Schaffen, Singen und Spielen von Musikinstrumenten, Schallplatten und Tonbänder hören)

7. Verkehr und Kommunikation

7.1. Wegezeiten von und zur Arbeit

7.2. Persönliche Wegezeiten

7.3. Gesellschaftliche Arbeit

7.4. Teilnahme an Geselligkeiten

7.5. Unterhaltung

Für die einzelnen Bevölkerungsgruppen wurden gesonderte Untersuchungsergebnisse benutzt und durch Gewichtung mit der effektiven Bevölkerungsgröße der DDR zu einem durchschnittlichen Zeitbudget zusammengefügt. Diese spezifischen Befragungsergebnisse betrafen folgende Bevölkerungsgruppen mit nachstehenden Anteilen (vgl. Tabelle 10):

Tabelle 10

Prozentualer Anteil der erfaßten sozialen Bevölkerungsgruppen

Bevölkerungsgruppe	Personenanteil in %
Berufstätige Arbeiter und Angestellte	37,3
LPG- und PGH-Mitglieder	4,9
Sonstige Berufstätige	1,1
Lehrlinge	2,7
Direktstudenten	1,0
Schüler der 10. bis 12. Klasse	2,9
Kinder und Schüler bis zur 9. Klasse	21,9
Hausfrauen	4,7
Invalidenrentner	2,5
Berufstätige Rentner	3,5
Altersrentner	16,4
Übrige	1,1
Insgesamt	100,0

Quelle: Im Zentralinstitut für Wirtschaftswissenschaften der Akademie der Wissenschaften der DDR durchgeführte Berechnungen.

Die darauf beruhenden Berechnungen erbrachten folgende Ergebnisse der täglichen durchschnittlichen Zeitaufwendungen (vgl. Tabelle 11):

Tabelle 11

Durchschnittlicher täglicher Zeitaufwand je Einwohner der DDR in Stunden und Minuten nach Bedürfniskomplexen

Bedürfniskomplex	Zeitverwendung in Stunden und Minuten	%
Arbeit	2 : 49	11,7
Ernähren	3 : 20	13,9
Bekleiden	0 : 30	2,1
Wohnen	1 : 00	4,2
Körper- und Gesundheitspflege	10 : 49	45,1
Bildung und Kultur	3 : 47	15,8
Verkehr und Kommunikation	1 : 45	7,2

Quelle: Im Zentralinstitut für Wirtschaftswissenschaften der Akademie der Wissenschaften der DDR durchgeführte Berechnungen.

Diese Daten erfassen die durchschnittliche Zeitverwendung eines DDR-Bürgers unabhängig vom Alter, Beruf, Geschlecht, Wochentag usw. und vereinen in sich relativ heterogene zeitliche Verwendungsstrukturen einzelner sozialer Gruppen der Bevölkerung, die im Interesse einer gesamtgesellschaftlichen Analyse nivelliert werden (vgl. Tabelle 12).

Tabelle 12

Durchschnittlicher täglicher Zeitaufwand je Person in Stunden und Minuten nach Bedürfniskomplexen für ausgewählte soziale Gruppen der Bevölkerung der DDR

Bedürfniskomplex	Tägliche Zeitverwendung in Stunden und Minuten											
	Berufstätige Arbeiter und Angestellte		LPG- und PGH-Mitglieder		Direktstudenten		Hausfrauen		Nichtberufstätige Altersrentner		Kinder und Schüler bis 9. Klasse	
	Stunden	%	Stunden	%	Stunden	%	Stunden	%	Stunden	%	Stunden	%
Arbeit	5:48	24,2	5:36	23,3	0:12	0,8	0:06	0,4	0:06	0,4	-	
Ernähren	3:18	13,8	3:36	15,0	2:48	11,7	6:00	25,0	5:06	21,3	1:42	7,1
Bekleiden	0:30	2,1	0:54	3,8	0:30	2,1	1:42	7,1	0:48	3,3	-	
Wohnen	1:00	4,2	1:30	6,3	0:36	2,5	1:48	7,5	1:30	6,3	0:30	2,1
Körper- und Gesundheitspflege	9:42	40,4	8:54	37,1	10:36	44,2	11:18	47,1	11:54	49,6	12:30	52,1
Bildung und Kultur	1:42	7,1	2:18	9,6	6:54	28,8	1:42	7,1	2:18	9,6	8:48	36,7
Verkehr und Kommunikation	2:00	8,2	1:12	4,9	2:24	9,9	1:24	5,8	2:18	9,5	0:30	2,0

Quelle: Im Zentralinstitut für Wirtschaftswissenschaften der Akademie der Wissenschaften der DDR durchgeführte Berechnungen.

Die Kenntnis der durchschnittlichen Zeitverteilung mit ihrem pro-Kopf-Ausweis bildet die Voraussetzung der sich anschließenden Berechnungen der absoluten Zeitverwendung, wie sie sich in der erarbeiteten gesamtgesellschaftlichen Zeitbilanz darstellt. Sie umfaßt den gesamten Zeitverbrauch aller Bevölkerungsgruppen im Verlaufe eines Jahres als das für den Rhythmus des volkswirtschaftlichen Reproduktionsprozesses gemäßen Zeitintervall und verbindet herkömmliche Zeitbudgetuntersuchungen mit der volkswirtschaftlichen Gesamtrechnung. Im Unterschied zu den während der arbeitsfreien Zeit ausgeübten Tätigkeiten bleibt im Zeitbudget jedoch die Arbeitszeit in ihrer Zweckbestimmung anonym. Es erweist sich daher als erforderlich, nach Wegen zu suchen, um diese Größe entsprechend dem Endzweck der wirtschaftlichen Tätigkeit zu klassifizieren. Hierfür bieten sich die von Knobloch durchgeführten Arbeiten an, in denen nachgewiesen wurde, in welchen Proportionen die gesellschaftliche Arbeit der materiellen Produktion durch die Bedürfnisbefriedigung gebunden ist.[52] Die von ihm entwickelte Zuordnung der Gesamterzeugung, der Arbeitskräfte und der Grundfonds der Erzeugnis- bzw. Leistungshauptgruppen auf Bedürfniskomplexe unter Auswertung der volkswirtschaftlichen Verflechtungsbilanz der DDR 1972 fand in vorliegendem Falle mit geringen Modifikationen (Paßfähigkeit zur Klassifikation der Tätigkeiten nach Bedürfniskomplexen) Verwendung. Die in der Arbeitszeit geleistete Tätigkeit wird so hinsichtlich ihres Endverwendungszwecks differenziert aufteilbar. Das wird durch eine Zuordnung der Arbeitskräfte nach dem Ziel der wirtschaftlichen Tätigkeit in Gestalt der genannten Bedürfniskomplexe erreicht, denn die Verflechtungsbilanz zeigt für die Arbeitszeit des produzierenden Bereichs (einschließlich der Warenzirkulation) innere Abhängigkeiten und Verflechtungen und macht die Zweckbestimmung der geleisteten Arbeit nach dem vollen Arbeitsaufwand deutlich.[53] Die in den nichtproduzierenden Bereichen geleistete Arbeit läßt sich analog klassifizieren und kann auf diese Weise gleichfalls den Bedürfniskomplexen hinzugerechnet werden. Die Angaben über die Verteilung der Arbeitskräfte sind nach entsprechender Umrechnung in Zeiteinheiten geeignet, die Aufwendungen im gesellschaftlichen Arbeitsprozeß bedürfnisbezogen zu ermitteln und mit den gleichermaßen zugeordneten Zeitaufwendungen im individuellen Bereich nach einheitlich gruppierten Bedürfniskomplexen zusammenzufassen. Für die Nutzung dieser Methode spricht die Tatsache, daß die auf verschiedene Weise ermittelte absolute Gesamtarbeitszeit, einmal aus dem berechneten durchschnittlichen Zeitbudget und zum anderen aus der Verflechtungsbilanz unter Hinzurechnung der Arbeitszeit der Beschäftigten der nichtproduzierenden Bereiche der Volkswirtschaft, lediglich um 1 % abweicht. Das beweist die Paßfähigkeit der benutzten unterschiedlichen Erhebungen für die in der Gesellschaft verausgabten Gesamtarbeit.[54]

Der Nachweis der differenzierten menschlichen Betätigung in allen Lebenssphären unter einheitlich formulierten Zielen und den Quellen für ihr Aufkommen rechtfertigt die Bezeichnung Bilanz. Die Kombination der zweckgerichteten Tätigkeiten nach Bedürfniskomplexen mit der Stätte, an der die Gesellschaftsmitglieder hierfür wirken (im Bereich des gesellschaftlich organisierten Arbeitsprozesses bzw. im Bereich der privaten Haushalte) gibt einer solchen Analyse den Bilanzcharakter. Im Schnittpunkt der Zeilen und Spalten erscheint der jährliche Zeitaufwand in Personenstunden für diesen oder jenen Zweck im Arbeits- und übrigen Lebensprozeß der Gesellschaft. Die in dieser Zeitbilanz enthaltenen Daten drücken nicht mehr den zeitlichen Aufwand eines Individuums bzw. dieser oder jener untersuchten Personengruppe aus, sondern spiegeln den gesamten Zeitverbrauch für alle Bevölkerungsgruppen wider. Derartige umfassende volkswirtschaftliche Zeituntersuchungen, in denen die Arbeitszeit im gesellschaftlichen Arbeitsprozeß und die arbeitsfreie Zeit dargestellt sind, werden zu einem Instrument für den Nachweis und die Aufrechterhaltung einer bedürfnisgerechten Verteilung der gesellschaftlichen Gesamtarbeit und lassen Rückschlüsse auf deren Effektivität zu. Sie spiegeln die Größenverhältnisse der Zeitelemente, die Bedingungen und das Niveau ihrer Nutzung wider. Die Daten der volkswirtschaftlichen Verflechtungsbilanz und der Zeitbudgeterhebungen werden auf diese Weise verbunden und bilden die beiden Bestandteile für die zeitökonomische Analyse der volkswirtschaftlichen Reproduktion in der Einheit ihrer vier Phasen.[55]

Eine nachstehend in Tabelle 13 anhand durchgeführter Berechnungen aufgestellte Zeitbilanz des Aufwandes der Gesellschaft im gesamten Reproduktionsprozeß gestattet einen umfassenden Überblick über die Verwendung und Bindung des gesamtgesellschaftlichen Zeitfonds in der DDR.[56]

Die Grundbedürfnisse (Ernähren, Bekleiden, Wohnen) erfordern demnach mit 27 % mehr als ein Viertel des gesamten zur Verfügung stehenden Zeitvolumens der Gesellschaft in der DDR (vgl. dazu Abbildung 4).[57] Ohne die vorwiegend physiologisch bedingten Bedürfnisse für die Einnahme der Mahl-

Tabelle 13

Verteilung des Zeitaufwandes der Gesellschaft[1] im Gesamtprozeß ihrer Reproduktion nach Bedürfniskomplexen in der DDR (Anteile in %)

	Ernähren	Bekleiden	Wohnen	Körper- und Gesundheitspflege	Bildung und Kultur	Verkehr und Kommunikation	Übrige
1. Verteilung des gesellschaftlichen Arbeitszeitaufwandes in den Bereichen der gesellschaftlichen Arbeit[2]	31	9	21	7	8	12	12
1.1. darunter: in den produzierenden Bereichen	37	8	25	4	3	14	9
2. Verteilung des Zeitaufwandes der privaten Haushalte	16	2	5	51	18	8	-
3. Verteilung des gesamtgesellschaftlichen Zeitfonds	17	3	7	46	17	9	1
3.1. darunter: ohne vorwiegend physiologisch bedingte Bedürfnisse[3]	21	6	12	14	30	15	2

1 Die Berechnungen erfassen den gesamten Zeitfonds der DDR des Jahres 1974 in Höhe von 148 Mrd. Personenstunden.

2 Produzierende und nichtproduzierende Bereiche der Volkswirtschaft.

3 Die vorwiegend physiologisch bedingten Bedürfnisse umfassen durchschnittlich 1 1/4 Stunden zur Einnahme von Mahlzeiten und 9 Stunden Schlaf täglich pro Kopf der Bevölkerung.

Quelle: Im Zentralinstitut für Wirtschaftswissenschaften der Akademie der Wissenschaften der DDR durchgeführte Berechnungen.

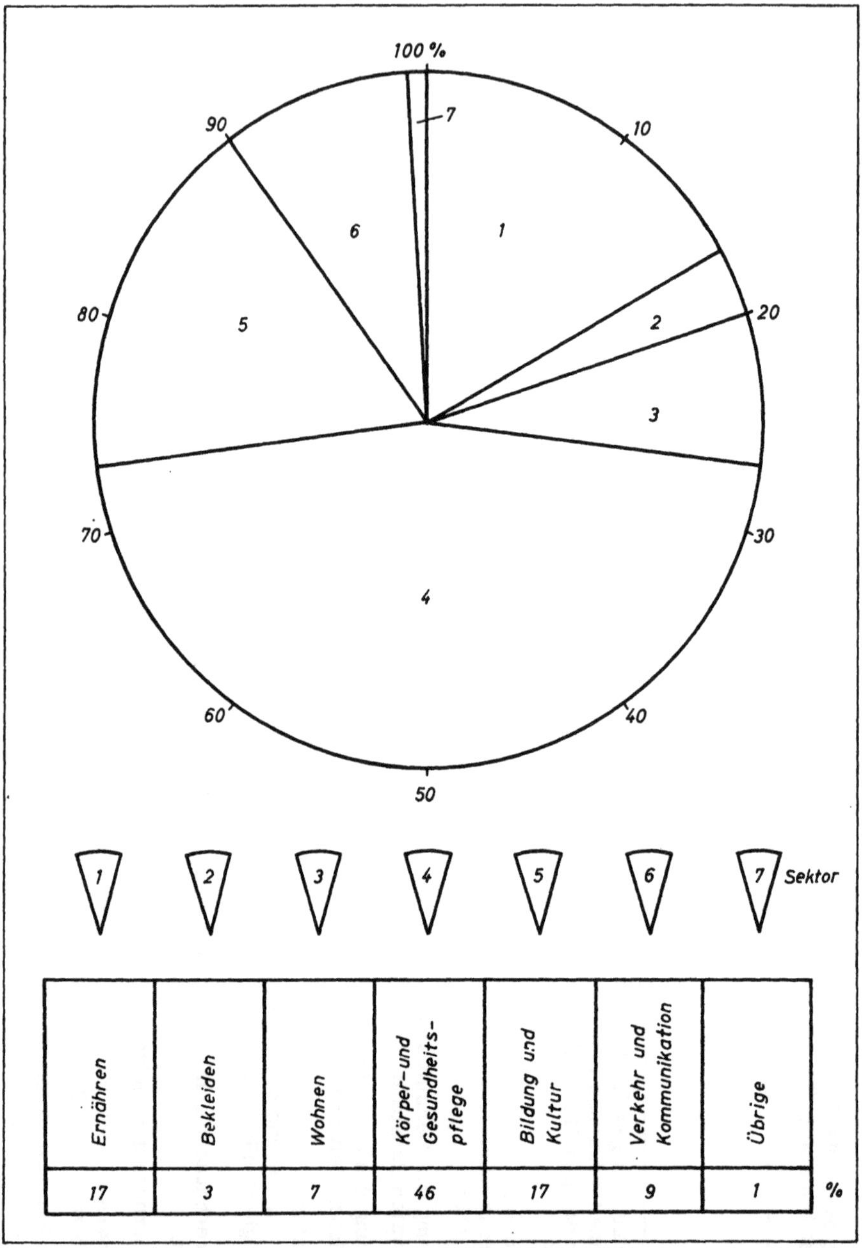

Abbildung 4: Prozentuale Verteilung des gesamtgesellschaftlichen Zeitfonds nach Bedürfniskomplexen in der DDR

zeiten sowie für den Schlaf braucht die Gesellschaft für die Befriedigung der Grundbedürfnisse sogar 39 % ihrer Zeit.

Die für die Ausprägung sozialistischer Persönlichkeiten besonders wichtigen und zukunftsträchtigen Bedürfniskomplexe Bildung und Kultur sowie Verkehr und Kommunikation erreichen mit 26 % ebenfalls reichlich ein Viertel der der Gesellschaft zur Verfügung stehenden Zeit. Bei Ausschluß der physiologisch bedingten Bedürfnisse sind das 45 % des gesellschaftlichen Zeitfonds. Hinzu kommt noch, daß mit dem sich weiter erhöhenden Anteil für die Befriedigung der Wohnbedürfnisse wesentliche Bedingungen für die Sicherung des Wohlstandes eines jeden Mitglieds der Gesellschaft als eine der Voraussetzungen seiner allseitigen Entwicklung geschaffen werden. Darin zeigt sich mit voller Deutlichkeit der Einfluß der sozialistischen Produktionsverhältnisse, denn, obwohl in der ersten Phase der kommunistischen Gesellschaftsformation die Springquellen des gesellschaftlichen Reichtums noch nicht so reichlich fließen, widmet die Gesellschaft gerade diesen Bedürfnissen besondere Aufmerksamkeit. Ein internationaler Vergleich im Rahmen von 12 sozialistischen und kapitalistischen Staaten unterstreicht eine stärkere Hinwendung in der Zeitverwendung für Bildung und Teilnahme an kulturellen und sportlichen Veranstaltungen in den sozialistischen Ländern. Im Jahresmaßstab werden hier erheblich umfangreichere persönlichkeitsfördernde Bildungsaktivitäten wirksam.[58] Das spricht einmal mehr für die sozialökonomische Determiniertheit dieser weiter wachsenden Bedürfniskomplexe.

Weitere Erkenntnisse aus der berechneten Verteilung des Zeitaufwandes der Gesellschaft beziehen sich auf die Verteilung der Zeitvolumina innerhalb der Sphäre der gesellschaftlichen Arbeit einerseits und im außerhalb der gesellschaftlich organisierten Arbeit liegenden Bereich andererseits: 61 % der Arbeitszeit der Gesellschaft werden für die Realisierung der Grundbedürfnisse aufgewendet. 31 % erfordert allein die Herstellung der Mittel für den Bedürfniskomplex Ernähren und 21 % der gesellschaftlich organisierten Arbeitszeit sind für den Bedürfniskomplex Wohnen gebunden.

Die arbeitsfreie Zeit enthält neben der physiologisch bedingten Zeitbindung vor allem Zeitaufwendungen für die elementaren Grundbedürfnisse, für den Bedürfniskomplex Bildung und Kultur sowie für Verkehr und Kommunikation. So werden umfangreiche Zeitmengen (23 %) auch in der arbeitsfreien Zeit benötigt, um die Bedürfnisse nach Ernähren, Bekleiden und Wohnen zu befriedigen, was naturgemäß die Möglichkeiten zur Ausübung persönlichkeitsfördernder Aktivitäten beeinflußt. Darin ist ein erheblicher Teil an unproduktiven, kleinlichen, entnervenden hauswirtschaftlichen Tätigkeiten enthalten, deren Ausmaß teilweise durch Inanspruchnahme entsprechender Dienstleistungen weiter eingeschränkt werden kann.

18 % der arbeitsfreien Zeit werden für Bildung und Kultur verwendet, denn gleichzeitig mit dem Anwachsen der Befriedigung der materiellen Bedürfnisse erweitert sich auch die Befriedigung der geistig-kulturellen Bedürfnisse. Das Streben nach Bildung und Aneignung des geistig-kulturellen Reichtums nimmt durch den Wandel im Charakter der Arbeit als Folge des wissenschaftlich-technischen Fortschritts zu, und die kulturellen Bedürfnisse und Interessen werden mannigfaltiger und differenzierter. Diese gesetzmäßige Zunahme der Ansprüche der Werktätigen an die geistig-kulturellen Errungenschaften stellt mit den veränderten Reproduktionsbedingungen des Menschen spezielle Anforderungen an die materiell-technische Basis. Das gilt ebenso für den Bedürfniskomplex Kommunikation und Verkehr, für den 8 % der arbeitsfreien Zeit aufgewendet werden, und für seine materielle Absicherung. Es handelt sich hierbei um einen langfristigen und komplizierten Prozeß, der vom Tempo der ökonomischen Entwicklung maßgeblich getragen wird und die Erhöhung der volkswirtschaftlichen Effektivität unabdingbar einschließt.

2.2. Verteilung der gesamtgesellschaftlichen Zeitaufwendungen für die sozialistische Reproduktion nach Bedürfniskomplexen

Von großer Bedeutung für eine intensivere Nutzung des gesellschaftlichen Arbeitszeitfonds und der arbeitsfreien Zeit aller Gesellschaftsmitglieder mit dem Ziel einer immer besseren und vollkommeneren Bedürfnisbefriedigung ist die Kenntnis und somit die Analyse der Zeitaufwendungen innerhalb der einzelnen Bedürfniskomplexe. Nachdem im Zusammenhang mit der gesellschaftlichen Zeitbilanz bereits Schwerpunkte der Zeitverwendung für die einzelnen Bedürfniskomplexe behandelt wurden, geht es bei der Zeitverwendung nach den einzelnen Bedürfniskomplexen vorwiegend darum, die Zeitaufwendungen für die

Produktion der jeweiligen Mittel der Bedürfnisbefriedigung, für Zirkulationstätigkeiten und für die Konsumtionsphase selbst zu untersuchen.

Hierbei wurde die Gliederung der Zeitaufwendungen für die Produktion, Zirkulation und Konsumtion unter folgenden Überlegungen und der Auswertung vorliegender Unterlagen durchgeführt:[59]

1. Zeitaufwand für die Produktion

Sein Umfang wurde für die einzelnen Bedürfniskomplexe auf der Grundlage der Ergebnisse der Verflechtungsbilanz berechnet. Die Handelsleistungen wurden als Bestandteil der 164 Erzeugnisgruppen außerachtgelassen. Der Zeitaufwand für die Produktion umfaßt somit hauptsächlich

- den Zeitaufwand für den unmittelbaren Arbeitsprozeß in den Produktionsstufen einschließlich der Zeit für natürliche Prozesse in der Arbeitsperiode,
- den Zeitaufwand für bezahlte Pausen und sonstige Unterbrechungen,
- den Zeitaufwand für die Vorratshaltung der Materialien, Rohstoffe, unvollendete Produkte und Halbfabrikate in der Produktion.

Der Zeitaufwand für die Produktion entspricht in seiner Gesamtheit der Arbeitszeit der hier Beschäftigten. Hinzugefügt wurde bei den Bedürfniskomplexen Ernähren, Bekleiden und Wohnen die im Bereich der privaten Haushalte durchgeführten und aus den Zeitbudgetuntersuchungen ersichtlichen bzw. eingeschätzten Arbeitsprozesse zur Herstellung und Instandhaltung von Gegenständen und Produkten. Um diesen Zeitaufwand für die Produktion wurde die arbeitsfreie Zeit reduziert.

2. Zeitaufwand für die Zirkulation

Sein Ausmaß konnte mit Hilfe der Analysen über die Verteilung des gesellschaftlichen Arbeitsvermögens in den produzierenden Bereichen der Volkswirtschaft ermittelt werden und umschließt den vollen Arbeitsaufwand für die Zirkulation. Dieser Aufwand erfaßt auch Prozesse, die eigentlich produktiver Natur sind und dazu dienen, die Konsumreife der Erzeugnisse zu vollenden.

3. Zeitaufwand für die Konsumtion

Hierunter wurde erstens - soweit aus der Arbeitskräftestatistik nachweisbar - der gesamte Arbeitszeitaufwand der Beschäftigten der nichtproduzierenden Bereiche der Volkswirtschaft gezählt. Als zweites entscheidendes Element fällt in diese Kategorie die arbeitsfreie Zeit der Bevölkerung (einschließlich der Einkaufszeiten der Bevölkerung) zur Vorbereitung und Durchführung der individuellen Konsumtion. Der in den sonstigen produktionsbedingten Abteilungen der

Produktionsbetriebe anfallende Zeitaufwand für die Befriedigung von Reproduktionsbedürfnissen des Menschen in Form von betriebseigenen Erholungsheimen, kultureller und medizinischer Betreuung sowie weiteren Formen der gesellschaftlichen Konsumtion in den Produktionsbetrieben wurde nicht hier, sondern als Zeitaufwand für die Produktion ausgewiesen.

Durch die Berechnung und Analyse detaillierter und spezieller Bilanzen für einzelne Bedürfniskomplexe bzw. Zeitelemente innerhalb der Bedürfniskomplexe wird die Aussagekraft der aufgestellten gesamtgesellschaftlichen Zeitbilanz erhöht, und deren innere Zusammenhänge und Verflechtungen werden konkretisiert. Bei der Analyse der Bedürfniskomplexe liegt der Schwerpunkt der Untersuchung auf der Zeitbindung und ihrer Struktur. Demnach erfolgt keine umfassende Charakterisierung der Bedürfniskomplexe, so daß auch anderweitige Interpretationen möglich sind. Diese Abgrenzung schließt ein, daß konkrete gesellschaftspolitische Zielsetzungen der verschiedenen Bedürfniskomplexe, wie Durchsetzen einer gesunden Ernährung, verbesserte Wohnqualität, Hebung des Gesundheitszustandes, Erhöhung des Bildungs- und Kulturniveaus sowie soziale Effekte (wie Herausbildung der sozialistischen Lebensweise, Veränderung der Sozialstruktur, Persönlichkeitsformung) und auch die Unterschiede im Ausmaß und in den Möglichkeiten der individuellen und gesellschaftlichen Konsumtion in den einzelnen Bedürfniskomplexen nicht allseitig mit ihren sämtlichen Aspekten untersucht werden. Entsprechend den Grenzen in der Aussage von Zeitbilanzen werden die Bedürfniskomplexe nur im Zusammenhang und unter dem Blickfeld ihrer zeitlichen Beanspruchung analysiert. Das trifft auch auf die Reproduktionszeiten zu, wobei der jeweilige quantitative Schwerpunkt der Zeitbindung vorrangig den Analysengegenstand der Bedürfniskomplexe bestimmte.

2.2.1. Bedürfniskomplex Ernähren

Sehr beachtlich ist die hohe Zeitbindung der Gesellschaft für den Bedürfniskomplex Ernähren. Sowohl der Aufwand für die Herstellung der Mittel für die Befriedigung selbst mit 31 % als auch der mit 16 % ausgewiesene Anteil in der arbeitsfreien Zeit zur Vorbereitung der unmittelbaren individuellen Konsumtion sind relativ hoch. Mit insgesamt etwa einem Fünftel bindet dieser Bedürfniskomplex einen erheblichen Teil des für die Befriedigung der Konsumtionsbedürfnisse der Gesellschaft zur Verfügung stehenden Zeitvolumens, dessen Ausmaß vor allem vom derzeitigen Stand der Produktivkräfte bestimmt ist. Es ist deshalb nicht verwunderlich, daß in der Verteilung des volkswirtschaftlichen End- und Bruttoprodukts sowie der Grundfonds auf die Bedürfniskomplexe der Konsumtion analoge Anteile für das Ernähren der Bevölkerung gebunden sind, wie sie für die Arbeitszeit ermittelt wurden.

Die Relationen der Zeitquanten, vor allem auch im Vergleich zu den anderen Bedürfniskomplexen, geben auch Hinweise auf bestehende Präferenzen in der Gesellschaft. Probleme der Ernährung nehmen bei der Sicherung der Versorgung der Bevölkerung vordere Plätze ein, was sich in einer relativen Gleichartigkeit im Zeitaufwand in den sozialistischen Ländern zeigt.

Tabelle 14

Struktur des gesellschaftlichen Arbeitszeitaufwandes und des Zeitaufwandes der privaten Haushalte für den Bedürfniskomplex Ernähren in der DDR (in %)

Reproduktionszeit	Bereiche der gesellschaftlichen Arbeit		Bereich der privaten Haushalte		Summe	
Zeitaufwand für die Produktion	17	(26)[1]	4	(6)	21	(32)
Zeitaufwand für die Zirkulation	3	(4)	-		3	(4)
Zeitaufwand für die Konsumtion	-		76	(64)	76	(64)
Insgesamt	20	(30)	80	(70)	100	(100)

1 Die Zahlen in Klammern zeigen die Struktur des Zeitaufwandes ohne die Zeiten für die Einnahme von Mahlzeiten.

Quelle: Im Zentralinstitut für Wirtschaftswissenschaften der Akademie der Wissenschaften der DDR durchgeführte Berechnungen.

Eine weitere Schlußfolgerung für den Bedürfniskomplex Ernähren aus der Verteilung des Zeitaufwandes der Gesellschaft im Gesamtprozeß ihrer Reproduktion in der Tabelle 14 bezieht sich auf die Verteilung der Zeitvolumina in der Sphäre der gesellschaftlichen Arbeit sowie in dem außerhalb gesellschaftlich organisierter Arbeit liegenden Bereich. Wesentliche Zeitmengen werden in der individuellen Sphäre benötigt, um das Ernährungsbedürfnis zu befriedigen. Die Relationen sind dergestalt, daß absolut bedeutend höhere Zeitaufwendungen in der arbeitsfreien Zeit gebunden sind. Mit einem Anteil von 80 % gehört das Ernähren zu den Bedürfniskomplexen, die bei einem unterdurchschnittlichen Aufwand an Grundfonds je Einheit Endprodukt in der Herstellung für die endgültige Realisierung ihrer Befriedigungsmittel überdurchschnittlich viel arbeitsfreie Zeit benötigen. Einen genaueren Einblick gibt dazu eine für den Bedürfniskomplex Ernähren speziell aufgestellte Zeitbilanz.

Diese Angaben weisen auf den Umstand hin, daß 80 % des Zeitaufwandes der Gesellschaft für Ernährungszwecke auf die privaten Haushalte entfällt. Der ökonomisch interessierende Teil der Konsumtionszeit - ohne die physiologisch bedingten Zeitaufwendungen der Speiseneinnahme - ist mit 64 % fast doppelt so groß wie die Umschlagszeit, d. h. Produktions- und Zirkulationszeit zusammen, mit 36 %. Die mit der Zirkulationszeit unmittelbar zusammenhängende Einkaufszeit als Teil der Konsumtionszeit macht auf die Rolle der materiell-technischen Basis des Konsumgüterbinnenhandels aufmerksam. In den letzten Jahren wurden Verkaufs- und Lagerflächen sowie deren Ausstattung auf der Grundlage bezirklicher Rationalisierungskonzeptionen erweitert. Die Erhöhung der Leistungsfähigkeit der Lager- und Umschlagprozesse führt auch zu einer Einschränkung des gegenwärtig hohen Zeitanteils für die hiermit verbundene Einkaufstätigkeit. Die durch Rationalisierung und Rekonstruktion bei sinnvoller Verbindung mit Neubauten zu erreichenden Zeiteinsparungen sind für die Verringerung der hohen Zeitbindung der Gesellschaft für den Bedürfniskomplex Ernähren sehr bedeutungsvoll. Die sonstige Konsumtionszeit zur Herstellung der endgültigen Konsumreife der Nahrungsmittel und für erforderliche Folgearbeiten weist mit fast der Hälfte des gesamten Zeitaufwandes auf die Notwendigkeit einer künftig wachsenden Bedeutung gesellschaftlicher Lösungen der Bedürfnisbefriedigung hin. Dem trägt die bereits erreichte und weiterhin vorgesehene Entwicklung der gesellschaftlichen Speisenwirtschaft Rechnung. So konnte besonders für das Betriebsessen und die Schulspeisung ein steigender Versorgungsgrad erzielt werden. Mit seiner kontinuierlichen Erhöhung werden hauswirtschaftliche Zeiteinsparungen wirksam. Das ergibt sich daraus, daß Haushalte, in denen alle Personen an der gesellschaftlichen Speisenwirtschaft teilnehmen, für die Vor- und Zubereitung der Mahlzeiten täglich 1 Stunde 40 Minuten benötigen. Dagegen wenden Haushalte, in denen niemand in Einrichtungen der gesellschaftlichen Speisenwirtschaft ißt, einen täglichen Zeitaufwand von 2 Stunden und 11 Minuten dafür auf. Den für die DDR je Haushalt täglich mit etwa einer halben Stunde möglichen zeitlichen Nutzen von Dienstleistungen bei der Zubereitung der Mahlzeiten bestätigt auch ein internationaler Vergleich (vgl. Tabelle 15). Demnach besteht ein

Tabelle 15

Täglicher Zeitaufwand je Person in Minuten für das Ernähren[1] insgesamt sowie prozentualer Anteil des Außerhausessens am Zeitaufwand insgesamt

Stadt/Land	Täglicher Zeitaufwand je Person in Minuten für das Ernähren insgesamt	darunter: prozentualer Anteil des Zeitaufwandes des Außerhausessens am Zeitaufwand für das Ernähren insgesamt
Pskov, UdSSR	159,1	15,5
Torun, Polen	165,4	5,7
Kazanlik, Bulgarien	165,9	10,0
Olomouc, ČSSR	178,4	4,6
Györ, Ungarn	192,3	7,4
Hoyerswerda, DDR	199,4	1,1

1 Dem Ernähren sind hierbei die direkten Tätigkeiten der Speisenherstellung und -einnahme innerhalb und außerhalb der privaten Haushalte zugeordnet.

Quelle: Berechnet nach: The Use of Time. Daily Activities of Urban and Suburban Populations in Twelve Countries, hg. von Alexander Szalai, Den Haag - Paris 1972, S. 576.

enger Zusammenhang zwischen dem Sinken des für Ernährungszwecke benötigten Zeitaufwandes und dem steigenden Anteil des Außerhausessens als Ausdruck der Zeiteinsparung durch Inanspruchnahme von entsprechenden Dienstleistungseinrichtungen der gesellschaftlichen Speisenwirtschaft. Die Inanspruchnahme solcher vergesellschafteter Ernährungsformen ergänzt die durch anderweitige Rationalisierungsmaßnehmen (Haushaltstechnik, Nahrungsmittel mit höheren Gebrauchswerteigenschaften u.a.) möglichen hauswirtschaftlichen Verbesserungen und Einsparungen.

Es ist einleuchtend, daß die dargestellte Proportion der Verteilung des Zeitaufwandes für die Speisenherstellung insgesamt auf den gesellschaftlichen Bereich und auf die private Sphäre auch Ausdruck und Ergebnis eines bestimmten Entwicklungsstandes, und zwar einerseits der Produktivität der Nahrungsmittelproduktion und ihrer Vorleistungserzeuger und andererseits der Leistungsfähigkeit entsprechender Dienstleistungen, sozialer Einrichtungen sowie des Angebots an vorgefertigten und höherveredelten konsumreiferen Lebensmitteln und Fertiggerichten ist.

Das alles ist eng an die Möglichkeiten der Volkswirtschaft gebunden, daran, in welchem Maße die Gesellschaft entsprechende Vorleistungen an Investitionen und zusätzlichen Arbeitskräften aufzubringen vermag. Wie sich die vielseitigen Maßnahmen auf diesem Gebiet in den letzten Jahren auswirkten, veranschaulichen folgende Beispiele: Fast 6 Mio Bürger der DDR essen an Arbeits- und Schultagen in Einrichtungen der gesellschaftlichen Speisenwirtschaft. Die Zahl der Teilnehmer am Betriebsessen hat sich gegenüber 1970 wesentlich erhöht. In der DDR bestehen etwa 7 000 Werkküchen, die 1979 jeden Tag mehr als 3,5 Mio Werktätige mit einer warmen Mahlzeit versorgten. Damit stieg der Versorgungsgrad von 27 auf 62 % und auch die Qualität des Essens wurde erhöht. Von 100 Schülern nehmen 77 Kinder im schulpflichtigen Alter an der Schulspeisung teil, 1970 waren es erst 47. Für die an der Schulspeisung teilnehmenden über 1,9 Mio Schüler kostet das warme Mittagessen täglich nur 55 Pfennig. Die höher liegenden effektiven Kosten erfordern wachsende Zuschüsse aus gesellschaftlichen Fonds. Diese Ausgaben des Staatshaushaltes der DDR fördern die Bestrebungen auf Einschränkung des hauswirtschaftlichen Zeitaufwandes. Auch die Versorgungsleistungen der Gaststätten stiegen in den letzten Jahren und unterstützten damit die zeitmindernde Rolle der gesellschaftlichen Speisenwirtschaft.

2.2.2. Bedürfniskomplex Bekleiden

Die Zeitbilanz für den Bedürfniskomplex Bekleiden hat folgendes Aussehen (vgl. Tabelle 16):

Tabelle 16

Struktur des gesellschaftlichen Arbeitszeitaufwandes und des Zeitaufwandes der privaten Haushalte für den Bedürfniskomplex Bekleiden in der DDR (in %)

Reproduktionszeit	Bereiche der gesellschaftlichen Arbeit	Bereich der privaten Haushalte	Summe
Zeitaufwand für die Produktion	21	26	47
Zeitaufwand für die Zirkulation	5	-	5
Zeitaufwand für die Konsumtion	7[1]	41	48
Insgesamt	33	67	100

1 Arbeitszeitaufwand der Beschäftigten der nichtproduzierenden Bereiche der Volkswirtschaft für diesen Bedürfniskomplex.

Quelle: Im Zentralinstitut für Wirtschaftswissenschaften der Akademie der Wissenschaften der DDR durchgeführte Berechnungen.

In ihr fällt der um 5 Punkte höhere Zeitaufwand für Produktionszwecke in den privaten Haushalten gegenüber dem gesellschaftlichen Bereich als hervorstechendes Merkmal ins Auge. Eine solche zunächst anzweifelbare Größenordnung findet jedoch ihre Erklärung im Ausmaß der in den privaten Haushalten durchzuführenden Instandhaltungsarbeiten und der Neuanfertigung von Bekleidungsstücken (Nähen, Stricken, Häkeln, Sticken). Die Ursachen für ein derartiges Handeln sind nicht einheitlich. Die für die eigene Neuanfertigung sprechenden und zunächst vermuteten finanziellen Gesichtspunkte im Verhältnis zum Kauf fertiger Erzeugnisse scheinen selbst in Familien mit mehreren Kindern nicht dominierend zu sein. Die Höhe des Zeitaufwandes für die Neuanfertigung von Kleidungsstücken in Abhängigkeit von der Nettoeinkommensgruppe der Haushalte läßt nämlich keinen gravierenden Unterschied erkennen. Eine deutlich erkennbare Häufung derartiger Tätigkeiten in der Gruppe der Haushalte mit einem Nettoeinkommen bis zu 600,- M monatlich existiert, ist aber nur dort zu verzeichnen. Maßgeblich dürften bei Eigen- bzw. Einzelanfertigung mehr Typ- und Paßgerechtheit sowie höhere modische Effekte dieser Kleidungsstücke sein. Ein Ausdruck dieser Tatsache besteht in der Zusammensetzung des beachtlichen Anteils des in der DDR getätigten Einzelhandelsumsatzes an Bekleidungs- und Wäschestoffen am Gesamtumfang der Warenhauptgruppe "Bekleidungs- und Wäschestoffe, konfektionierte Oberbekleidung"

Von den insgesamt 6,4 Mrd. M Einzelhandelsumsatz jährlich entfallen 62 % auf konfektionierte Oberbekleidung, während 38 % weiterverarbeitet werden. Unter Berücksichtigung der weit geringeren Produktivität bei der individuellen Herstellung von Bekleidung (Fachleute sprechen davon, daß in gesellschaftlichen Einrichtungen die Produktivität 2- bis 3mal höher ist) erscheint die mit 26 % ermittelte Produktionszeit in privaten Haushalten durchaus denkbar. Aber auch der Hobbycharakter solcher Tätigkeiten, in denen Menschen sich beweisen und sogar künstlerisch betätigen, sollte nicht unterschätzt werden. Der gleich hohe Zeitaufwand für die Neuanfertigung in Haushalten mit vollbeschäftigten bzw. teilzeitbeschäftigten Ehefrauen deutet darauf hin, obwohl sonst der hauswirtschaftliche Zeitaufwand mit abnehmendem Grad der Berufstätigkeit weiblicher Personen deutlich zunimmt.

Der mit 41 % im Bereich der privaten Haushalte anfallende Zeitaufwand für die Konsumtion wird überwiegend vom Ausmaß der Reinigungsarbeiten der Bekleidung bestimmt und zählt zu den monotonen hauswirtschaftlichen Arbeiten. Sein Umfang könnte durch die Inanspruchnahme entsprechender Dienstleistungseinrichtungen eingeschränkt werden, wobei die in Standort, Qualität, Preis, Lieferfristen und anderem liegenden Grenzen der Vergesellschaftung derartiger Tätigkeiten zu beachten sind. Bei der Inanspruchnahme von Wäschereien wird folgender, in Tabelle 17 ausgewiesener zeitlicher Effekt für die Reinigung, Pflege und Reparatur von Wäsche und Kleidung ermöglicht:

Tabelle 17

Durchschnittlicher täglicher Zeitaufwand in Stunden und Minuten je Haushalt bei Inanspruchnahme von Wäschereien

	Inanspruchnahme	Nichtinanspruchnahme
Reinigung, Pflege und Reparatur von Wäsche und Kleidung	0:49	1:01

Quelle: Staatliche Zentralverwaltung für Statistik, Ergebnisse der Zeitbudgeterhebung 1974 in Haushalten von Arbeitern und Angestellten, Berlin 1975.

Die unterschiedlichen Zeitaufwendungen zeigen die höhere zeitliche Effektivität derartiger Formen der Bedürfnisbefriedigung und die Abhängigkeit der Zeitverwendung vom Niveau und der Quantität derartiger materiell-technischer Einrichtungen. Ein Hinweis auf mögliche Zeitreserven in der Leistungsfähigkeit solcher gesellschaftlicher Einrichtungen zeichnet sich im unterschiedlichen Ausmaß der Inanspruchnahme jener Leistungen pro Kopf der Bevölkerung nach Bezirken der DDR im Jahre 1978 ab.[60] Während in der Hauptstadt Berlin im Durchschnitt 25,8 kg in industriellen und Selbstbedienungswäschereien für die Bevölkerung gewaschen wurden, waren es im Bezirk Suhl und Neubrandenburg nur 8,0 kg bzw. 8,9 kg pro Kopf der Bevölkerung. Überhaupt haben sich im Gegensatz etwa zu den Dienstleistungseinrichtungen für den Bedürfniskomplex Ernähren die Leistungen der Wäschereien in den letzten Jahren mit einer durchschnittlichen Menge von etwa 10 bis 12 kg pro Kopf der Bevölkerung nur unwesentlich verändert. Günstiger dagegen entwickelte sich die Leistungsbereitschaft chemischer Reinigungen, obwohl es auch hier ein Nutzungsgefälle zwischen 3,7 und 0,9 kg pro Kopf der Bevölkerung nach Bezirken gibt.[61]

Auch die Beschaffenheit der Waren, die Gebrauchswerteigenschaften der Bekleidung bestimmen die Zeitbelastung. Pflegearme und strapazierfähige Textilien verkürzen den Pflegeprozeß oder verlängern die zeitlichen Intervalle zwischen Pflege und Reparatur. Substitutionseffekte zeigen sich ebenfalls, denn durch veränderte Eigenschaften der Waren entfallen teilweise bestimmte Arbeitsgänge. Diese zahlreichen, zum Teil auch gegenläufigen Prozesse reflektieren sich in der Zeitbilanz und sind mit den Problemen notwendiger Zeitaufwendungen und deren Größen direkt oder indirekt verbunden.

2.2.3. Bedürfniskomplex Wohnen

Die in Tabelle 18 dargestellte Zeitbilanz für den Bedürfniskomplex Wohnen ist von der hier erst in seinen Anfängen erkennbaren Situationen der Verwirklichung des Wohnungsbauprogramms geprägt. Um so bemerkenswerter ist es daher, daß bereits im Jahre 1974 der volle Aufwand im gesellschaftlichen Arbeitsprozeß für diesen Bedürfniskomplex, das heißt die Bauleistungen der Wohnungsbaukombinate und ihre Vorleistungen, besonders die bereits produzierenden bzw. im Entstehen begriffenen Plattenwerke usw., zu dem mit 31 % höchsten Zeitaufwand für die Produktion im gesellschaftlichen Arbeitsprozeß eines Bedürfniskomplexes überhaupt führten.

Tabelle 18

Struktur des gesellschaftlichen Arbeitszeitaufwandes und des Zeitaufwandes der privaten Haushalte für den Bedürfniskomplex Wohnen in der DDR (in %)

Reproduktionszeit	Bereiche der gesellschaftlichen Arbeit	Bereich der privaten Haushalte	Summe
Zeitaufwand für die Produktion	31	10	41
Zeitaufwand für die Zirkulation	5	-	5
Zeitaufwand für die Konsumtion	1[1]	53	54
Insgesamt	37	63	100

1 Arbeitszeitaufwand der Beschäftigten der nichtproduzierenden Bereiche der Volkswirtschaft für diesen Bedürfniskomplex

Quelle: Im Zentralinstitut für Wirtschaftswissenschaften der Akademie der Wissenschaften der DDR durchgeführte Berechnungen.

Darin spiegelt sich die Tatsache wider, daß sich der Anteil der nichtproduktiven Investitionen und der Zuwachs an den Grundfonds im nichtproduzierenden Bereich eindeutig auf die Wohnungswirtschaft konzentriert. Der Wohnungsbau und damit die Lösung der Wohnungsfrage als soziales Problem bis 1990 ist die vorrangige und hauptsächliche Aufgabe des Sozialprogramms der DDR. Die Befriedigung des Wohnbedürfnisses als eines der elementaren Reproduktionsbedürfnisse des Menschen nimmt gegenwärtig und auch in der Zukunft einen erstrangigen Platz ein. Von der Gesellschaft werden dafür sehr umfangreiche Mittel und Ressourcen eingesetzt. Allein für den Wohnungsneubau wurden 1978 etwa 4,4 Mrd. M gegenüber etwa 2 Mrd. M im Jahre 1960 investiert.[62] Berücksichtigt man dazu die Aufwendungen für Modernisierung und Werterhaltung, dann wird deutlich, welche hohen Anforderungen sich für die Volkswirtschaft ständig aus der angestrebten besseren Befriedigung der Wohnbedürfnisse ergeben. Die Lösung des Wohnungsproblems ist nur mit einer erheblichen Erhöhung der Fonds der Wohnungswirtschaft möglich. So wurden im Zeitraum zwischen 1971 und 1978 über 1 Mio Wohnungen fertiggestellt, was für 3,3 Mio Bürger wesentliche Verbesserungen ihrer Wohnbedingungen bedeutet. Die Zahl der jährlich fertiggestellten Wohnungen stieg von 87 000 im Jahre 1971 auf 168 000 im Jahre 1978.[63] Durch diese Wachstumsraten konnte sich der Wohnungsbestand kontinuierlich erhöhen.[64] "Heute verfügt die DDR über fast 6,6 Millionen Wohnungen, die ein Volksvermögen von mehr als 170 Milliarden M darstellen."[65] Um zugleich qualitativ die Wohnbedingungen verbessern zu können, wird eine komfortablere Einrichtung und Ausrüstung der Wohnungen angestrebt. Von je 100 errichteten Neubauwohnungen waren 1979 ausgestattet mit Warmwasser 100 Wohnungen, Innentoilette 100 Wohnungen, Bad bzw. Duschecke 100 Wohnungen, Zentralheizung 96 Wohnungen.[66] Der Wohnungsbau ist zudem mit erheblichen Folgeinvestitionen verbunden, denn die Errichtung und Vervollkommnung einer entsprechenden materiell-technischen Territorial- und sozialen Infrastruktur ist unerläßlich.

Damit wird die sozialistische Gesellschaft den qualitativ und quantitativ wachsenden Anforderungen der Menschen an die Wohnbedingungen im Zusammenhang mit der erweiterten Reproduktion ihrer Arbeitskraft und Persönlichkeit in zunehmendem Maße gerecht. Vor allem die wachsenden Bedürfnisse auf geistig-kulturellem Gebiet erhöhen die Anforderungen an die Wohnbedingungen, von deren Qualität die Maßnahmen zur Aneignung von Bildung und Wissen in erheblichem Umfang abhängen. Gerade die Wohnbedingungen bilden eine wesentliche Voraussetzung für das geistige, körperliche und soziale Wohl der Menschen, denn sie verbringen gegenwärtig fast 70 % ihrer arbeitsfreien Zeit im Wohngebiet. Damit wird von den Wohnbedingungen vor allem die Qualität der Gestaltung der Freizeit maßgeblich mitbestimmt.

Hat die zunehmende und vollkommenere Befriedigung des Wohnbedürfnisses einerseits große Bedeutung für die quantitativen Beziehungen der Zeitelemente, so berührt sie andererseits unmittelbar weitere Reproduktionsbedürfnisse des Menschen und die Qualität ihrer Befriedigung. Angefangen vom Ernähren, der Befriedigung der physiologischen Bedürfnisse, bis zum Bedürfniskomplex Verkehr und Kommunikation werden von den Wohnbedingungen in mehr oder weniger großem Umfang alle Bedürfniskomplexe des Menschen beeinflußt. Mit den Wohnbedingungen eng verbunden sind schließlich auch die Probleme der Bevölkerungsreproduktion.

Die von der Gesellschaft für den Bedürfniskomplex Wohnen in den zurückliegenden Jahren bereitgestellten und verausgabten hohen Zuwendungen bzw. Leistungen verbesserten bereits für Millionen Bürger spürbar die Wohnverhältnisse. Der daraus auch resultierende Einfluß auf die Bewußtseinsbildung und die Teilnahme der Werktätigen am gesellschaftlichen Leben drückt sich in dem

Anteil von 10 % der Zeitaufwendungen für die Produktion im Bereich der privaten Haushalte aus. Die in volkswirtschaftlicher Masseninitiative geschaffenen Millionenwerte, Eigenleistungen und Werterhaltungsmaßnahmen finden hierin ihren adäquaten zeitlichen Niederschlag.

Das Wohnungsbauprogramm nimmt somit als Basis für die Befriedigung des Wohnbedürfnisses gleichzeitig einen zentralen Platz für die allseitige Bedürfnisbefriedigung und für die gesellschaftliche Entwicklung und Persönlichkeitsentfaltung ein. Damit werden grundlegende Bedingungen für die Entwicklung der sozialistischen Lebensweise geschaffen.

2.2.4. Bedürfniskomplex Körper- und Gesundheitspflege

Im Bedürfniskomplex Körper- und Gesundheitspflege dominieren die physiologisch bedingten Schlafenszeiten, wie Tabelle 19 kenntlich macht.

Tabelle 19

Struktur des gesellschaftlichen Arbeitszeitaufwandes und des Zeitaufwandes der privaten Haushalte für den Bedürfniskomplex Körper- und Gesundheitspflege in der DDR (in %)

Reproduktionszeit	Bereiche der gesellschaftlichen Arbeit		Bereich der privaten Haushalte		Summe	
Zeitaufwand für die Produktion	1	(4)[1]	-		1	(4)
Zeitaufwand für die Zirkulation	0	(1)	-		0	(1)
Zeitaufwand für die Konsumtion	1[2]	(6)	98	(89)	99	(95)
Insgesamt	2	(11)	98	(89)	100	(100)

1 Die Zahlen in Klammern zeigen die Struktur des Zeitaufwandes ohne die Zeiten für Schlafen.

2 Arbeitszeitaufwand der Beschäftigten der nichtproduzierenden Bereiche der Volkswirtschaft für diesen Bedürfniskomplex.

Quelle: Im Zentralinstitut für Wirtschaftswissenschaften der Akademie der Wissenschaften der DDR durchgeführte Berechnungen.

Diese aus der biosozialen Natur des Menschen herrührende hohe Zeitbindung ist auf den ersten Blick für die Ökonomie im allgemeinen und die weitere Gestaltung der materiell-technischen Basis im besonderen nicht Gegenstand des wissenschaftlichen Interesses. Doch eine solche Einschätzung ist bei näherer Untersuchung einseitig und ungenau, wenn nicht sogar irreführend. Das folgt aus einigen ökonomisch durchaus relevanten Ursachen für eine derartige Zeitbeanspruchung. Infolge der noch weitverbreiteten, vom Kapitalismus übernommenen Maschinenproduktion mit ihren Folgen für den Charakter der Arbeit und die Arbeitsbedingungen läßt sich die Unterordnung des Menschen unter die Technik, die sozialökonomisch beseitigt ist, in der ersten Phase der kommunistischen Gesellschaftsformation noch nicht völlig überwinden. Der wachsende Mechanisierungsgrad der Arbeitsprozesse führt jedoch zur Verringerung der physischen Belastung bei gleichzeitig erhöhter geistiger Beanspruchung im Arbeitsprozeß und stellt zunehmende Anforderungen an das Konzentrationsvermögen und so auch wieder an die zeitlichen Reproduktionsbedingungen des Menschen und deren materiell-technische Absicherung. Erscheinungen der Arbeitsmonotonie, Reizüberflutung und anderes mehr können zu solch nerval bedingten Abnutzungserscheinungen führen, durch die das Arbeitsvermögen sowie Gesundheit und Lebenserwartung beeinträchtigt werden. Die wachsenden Anforderungen an den Menschen aus dem Arbeitsprozeß stellen höhere Reproduktionserfordernisse und bedingen in dieser Hinsicht die Schaffung erweiterter Voraussetzungen. Hierbei erhalten die zeitlichen Belange der Reproduktion zunehmende Bedeutung. Eine in diesem Zusammenhang beachtenswerte Entwicklung bewirkte die nach 1967 eingetretene generelle Einführung der 5-Tage-Arbeitswoche bei gleichzeitiger Verkürzung der Arbeitszeit auf wöchentlich 43 3/4 Stunden. Die freigesetzte Arbeitszeit wurde nicht, wie vermutet und erwartet, als Freizeit genutzt, sondern fast ausschließlich für die zusätzliche Befriedigung physiologischer Bedürfnisse verwendet.

Die Meisterung der Erfordernisse des wissenschaftlich-technischen Fortschritts, die mit erhöhten und steigenden Anforderungen an den Menschen im Arbeitsprozeß selbst verbunden ist, zieht auch in erheblichem Umfang die Arbeit im Mehrschichtsystem nach sich. So arbeiteten von den Produktionsarbeitern in der sozialistischen Industrie im Jahre 1978 im Einschichtsystem 57,5 %, im Zweischichtsystem 14,2 und im Dreischichtsystem 28,4 %,[67] wobei der Teil der Beschäftigten im Mehrschichtsystem weiter ansteigt. Diese Arbeitszeitform ist für die Werktätigen im Schichtsystem sowie für ihre Familien mit erheblichen, insbesondere auch zeitlichen Belastungen verknüpft. Hinzu kommt außerdem, daß sich dieser Personenkreis mit zahlreichen noch ungelösten objektiven und subjektiven Schwierigkeiten bei seiner Reproduktion konfrontiert sieht. Die gesellschaftlichen Einrichtungen der Versorgung und Betreuung sowie des Personenverkehrs, Öffnungszeiten der Handels- und Kultureinrichtungen, Fahrpläne des öffentlichen Nahverkehrs und anderes mehr, sind überwiegend auf die Belange der im Normalschichtsystem arbeitenden Werktätigen abgestimmt. Ihre generelle Veränderung zugunsten der Schichtarbeiter, die gesellschaftlich auch nur bei einer enormen Zunahme der Schichtarbeit vertretbar wäre, hätte grundlegende Veränderungen im gesamten Dienstleistungsbereich zur Folge. Die gegenwärtige Realität führt dazu, daß Schichtarbeiter im Durchschnitt über weniger Freizeit verfügen, längere Wegezeiten zwischen Wohnung und Betrieb benötigen sowie eine kürzere Schlafenszeit haben. Das wird in Tabelle 20 sichtbar.

Tabelle 20

Durchschnittlicher täglicher Zeitaufwand je Arbeiter für ausgewählte Tätigkeiten nach dem Schichtsystem (in Stunden und Minuten)

Tätigkeit	Normalschicht	2-Schicht-system	3-Schicht-system	Durchgängiges Schichtsystem
Wegezeit zwischen Wohnung und Betrieb	0:32	0:37	0:43	0:48
Befriedigung physiologischer Bedürfnisse	10:06	9:59	9:56	9:39
Freizeit	3:46	3:30	3:59	3:18
darunter:				
Spaziergänge	0:24	0:17	0:23	0:15
Empfang von Fernseh- und Rundfunksendungen	1:40	1:32	1:33	1:21

Quelle: Staatliche Zentralverwaltung für Statistik, Ergebnisse der Zeitbudgeterhebung 1974 in Haushalten von Arbeitern und Angestellten, Berlin 1975.

Diese Unterschiede in der täglichen Zeitverwendung sind bei Arbeitern im durchgängigen Schichtsystem besonders ausgeprägt. Solche Folgeerscheinungen der ökonomisch erforderlichen zeitlich höheren Auslastung der materiell-technischen Basis kann auch die sozialistische Gesellschaft nicht voll ausschalten. Doch wie sie auf solche negativen Folgen einer im gesamtgesellschaftlichen Interesse liegenden Nutzung der Technik in mehreren Schichten reagiert, unterscheidet sie von kapitalistischen Verhältnissen. Mit zahlreichen gesetzlichen Maßnahmen über die Arbeitszeitdauer, über verbesserte medizinische Betreuung bis zur Wohnungsvergabe, ist die sozialistische Gesellschaft bemüht, auftretende Widersprüche schrittweise abzubauen und die außergewöhnlichen Belastungen der Schichtarbeiter anderweitig auszugleichen. In dem Maße, wie es gelingt, die Wechselwirkung zwischen ökonomischem Leistungsanstieg und weiterem sozialen Fortschritt den Werktätigen bewußt und spürbar zu machen, wächst deren Einsicht und Bereitschaft einer besseren Auslastung der Grundfonds, vor allem der hochproduktiven Maschinen und Anlagen durch Schichtarbeit.

Die auch im Bedürfniskomplex Körper- und Gesundheitspflege erfaßten Tätigkeiten der Kinderbetreuung und -pflege unterliegen gleichfalls, wie vergleichende Untersuchungen verdeutlichen, der immer vollkommeneren Sorge der Gesellschaft um das Wohl der Menschen. Mit entsprechenden Einrichtungen der Kinderbetreuung übernimmt die Gesellschaft Teile dieser zeitaufwendigen Tätigkeiten der Eltern, was entsprechende Verschiebungen in der Zeitverwendung auslöst, aber an ganz bestimmte materiell-technische Bedingungen geknüpft ist. Eine wichtige Seite dieses Prozesses gegenseitiger Abhängigkeit und Beeinflussung liegt in der Inanspruchnahme von Kinderkrippen, -gärten und Schulhorten. Hierdurch werden deutlich zeitliche Vorteile wirksam und auf diesem Wege Zeitreserven erschlossen. Ihr Einfluß auf die Zeitverwendung ist in Tabelle 21 ablesbar.

Nach dem Absinken der Geburtenrate in der DDR bis 1974 rückte mit deren Erhöhung ab 1975 die Frage der Versorgung mit Krippen- und Kindergartenplätzen stärker in den Vordergrund. In den vergangenen Jahren stieg der Versorgungsgrad mit Krippen- und Kindergartenplätzen kontinuierlich weiter an.[68] Bei steigenden Geburtenzahlen konnte dennoch erreicht werden, daß alle Kinder im Kindergartenalter, deren Eltern es wünschen, in einer Vorschuleinrichtung versorgt werden können. Das ist auch im internationalen Maßstab eine beachtliche Errungenschaft des Sozialismus.

Tabelle 21

Durchschnittlicher täglicher Zeitaufwand für Haushalte mit Kindern bis zu 10 Jahren (in Stunden/Minuten je Haushalt)

	Alle Kinder in entsprechenden Einrichtungen	Ein Teil der Kinder in entsprechenden Einrichtungen	Kein Kind in entsprechenden Einrichtungen
Hausarbeitszeit	6:38	8:42	9:39
Arbeitszeit	11:16	9:47	9:16

Quelle: Staatliche Zentralverwaltung für Statistik, Ergebnisse der Zeitbudgeterhebung 1974 in Haushalten von Arbeitern und Angestellten, Berlin 1975.

Neben der so ermöglichten und geförderten Berufstätigkeit für viele Frauen werden durch die Inanspruchnahme von Kinderkrippen, -gärten und Schulhorten auch zeitliche Vorteile für die Familien und die Gesellschaft wirksam. Mit steigendem Versorgungsgrad sinkt nicht nur der Aufwand für die Erziehung und die Pflege betreuungspflichtiger Kinder innerhalb der privaten Haushalte, sondern es steigt zugleich graduell die Arbeit der Bevölkerung im arbeitsfähigen Alter im gesellschaftlich organisierten Arbeitsprozeß bei gleichzeitiger Ausdehnung des Umfangs der Freizeit für die Familienmitglieder.[69]

2.2.5. Bedürfniskomplex Bildung und Kultur

Tabelle 22 stellt die Zeitbilanz für den Bedürfniskomplex Bildung und Kultur vor, der gleichfalls wiederum mit 94 % eine hohe Konzentration der Zeitverwendung auf den Bereich der privaten Haushalte aufweist. Diesem Zeitanteil gelten daher auch die folgenden Untersuchungen.

Ein hohes Niveau von Bildung und Kultur ist für das Leben der Bürger der DDR zu einem immanenten Bestandteil geworden. Es bildet einen elementaren und wesentlichen Charakterzug, eine Grundbedingung mit wachsender Bedeutung für die Entfaltung der Hauptproduktivkraft und der Persönlichkeit des Menschen, gehört zur sozialistischen Lebensweise. Unmittelbar verbunden mit dem Fortschritt von Wissenschaft und Technik und den darauf beruhenden wachsenden Anforderungen im Arbeitsprozeß, wird das Niveau von Bildung und

Tabelle 22

Struktur des gesellschaftlichen Arbeitszeitaufwandes und des Zeitaufwandes der privaten Haushalte für den Bedürfniskomplex Bildung und Kultur in der DDR (in %)

Reproduktionszeit	Bereiche der gesellschaftlichen Arbeit	Bereich der privaten Haushalte	Summe
Zeitaufwand für die Produktion	2	-	2
Zeitaufwand für die Zirkulation	0	-	0
Zeitaufwand für die Konsumtion	4[1]	94	98
Insgesamt	6	94	100

1 Arbeitszeitaufwand der Beschäftigten der nichtproduzierenden Bereiche der Volkswirtschaft für diesen Bedürfniskomplex.

Quelle: Im Zentralinstitut für Wirtschaftswissenschaften der Akademie der Wissenschaften der DDR durchgeführte Berechnungen.

Kultur für die Bürger auch zunehmend von den zeitlichen Möglichkeiten seiner erweiterten Reproduktion in der arbeitsfreien Zeit und ihrer sinnvollen Gestaltung beeinflußt. Der Umfang der Befriedigung bildungsmäßiger und kultureller Bedürfnisse hat sich bei allen Klassen und Schichten der DDR durch die geschaffenen materiellen und gesellschaftlichen Voraussetzungen erhöht. Die zur Verfügung stehende Zeit wird sinnvoller gestaltet; immer mehr Zeit entfällt auf wirklich wertvolle kulturelle Erlebnisse und Bildungszwecke. Der hierdurch gebundene Zeitfonds hat sich stetig erhöht und liegt über entsprechenden Größenordnungen kapitalistischer Länder. Das Aneignen von Wissen (Lernen und Bilden) ist in der DDR tief verwurzelt, hat einen festen Platz im Leben der Gesellschaft, prägt die Züge der Menschen und gestattet ihnen, immer sachkundiger gesellschaftliche Ereignisse zu beurteilen und an ihrer Gestaltung politisch mitzuwirken.

Das Bildungsniveau der Werktätigen ist bedeutend gewachsen und steigt weiter. So erhöhte sich der Anteil der Hoch- und Fachschulkader an den Berufstätigen in der sozialistischen Wirtschaft der DDR insgesamt von 6 % im Jahre 1961 auf 17,2 % im Jahre 1978.[70] Dazu sind weiterhin der allgemeine Übergang zur 10-Klassen-Schule, die wachsende Zahl der Facharbeiter sowie die verstärkte Teilnahme an der Weiterbildung zu zählen. Diese Ergebnisse des sozialistischen Bildungswesens drücken sich in dem um mehr als das Doppelte gewachsenen Anteil der Facharbeiter und Meister an den Werktätigen der DDR aus, der nunmehr bei fast zwei Dritteln aller Berufstätigen liegt.[71]

Besonders weitreichend veränderte sich der Ausbildungsstand in der sozialistischen Landwirtschaft der DDR. Während 1964 erst 21 % der ständig Berufstätigen eine abgeschlossene Ausbildung (Hoch- oder Fachschulabschluß, Meister, Facharbeiter) besaßen, waren es 1978 schon 85 %.[72] Die Qualifikation der Berufstätigen erhöhte sich auch ganz allgemein, was die Erhöhung der Zahl der Schulungsteilnehmer in der Aus- und Weiterbildung der sozialistischen Wirtschaft zeigt. Von 1971 bis 1978 stieg sie um 510 000 auf über 1 500 000.[73] Der höhere Bildungsgrad sowie die zunehmend qualifiziertere und geistig-schöpferischere Arbeit vergrößern die Ansprüche an die Entwicklung der kulturellen Bereiche, der Kommunikation und Information sowie aller anderen gegenständlichen Bedingungen, die mit der Überwindung des Widerspruchs von geistiger und körperlicher Arbeit verbunden sind.

Das durchschnittlich hohe Bildungsniveau und die weitgehend befriedigten materiellen Grundbedürfnisse führen dazu, daß die Bedürfnisse nach geistig-kultureller Betätigung, nach aktiver Erholung in kollektiven Erlebnisbereichen ständig zunehmen. Tabelle 23 zeigt, wie sich in den letzten Jahren die Inanspruchnahme des Freizeitangebots gesellschaftlicher Einrichtungen entwickelte. Diese und weitere Prozesse motivieren die zeitliche Ausdehnung der für Bildung und Kultur aufgewendeten Aktivitäten und begründen den außerordentlich hohen Anteil des hierdurch gebundenen Zeitfonds. Die Aktivitäten und Ansprüche der Werktätigen werden gleichzeitig vielgestaltiger und differenzierter, was sich in der unterschiedlichen Entwicklung der Besucherzahlen der einzelnen Bildungs- und Kultureinrichtungen äußert. Die zur Verfügung stehenden Einrichtungen werden dadurch teilweise nicht ausgelastet, andererseits müssen bestimmte Anforderungen und Wünsche zunächst noch unberücksichtigt bleiben. Das äußert sich auch in der strukturellen Zeitverwendung. Eine Aussage hierzu macht Tabelle 24, in der Abhängigkeiten zwischen dem Qualifikationsniveau und bestimmten Freizeittätigkeiten zum Ausdruck kommen.

Tabelle 23

Entwicklung der Inanspruchnahme des Freizeitangebots ausgewählter gesellschaftlicher Einrichtungen der DDR 1960 bis 1978

Jahr	Entleihungen aus Bibliotheken (in 1 000)	Neuerscheinungen von Büchern und Broschüren (Auflage in 1 000)	Teilnehmer an Volkshochschullehrgängen[1] (in 1 000)	Besucher in Kultur- und Klubhäusern (in 1 000)	Besucher in Museen (in 1 000)	Theaterbesucher (je 100 der Bevölkerung)	Mitglieder im DTSB (in 1 000)	Urlaubsreisen für DDR-Bürger im Inland im Rahmen des Feriendienstes des FDGB (in 1 000)	Ausgaben des Staatshaushaltes für Bildungswesen und Kultur (in Mio M)
1960	.	96 437	.	.	.	93,5	1 439,1	1 144,4	4 262
1965	58 992	96 328	319,7	32 478,9	15 664,9	72,1	1 813,3	1 036,4	5 153
1970	71 032	121 857	321,1	35 334,5	19 830,8	71,9	2 155,8	1 140,3	6 894[2]
1975	87 343	129 701	256,3	55 569,2	30 304,0	68,6	2 594,9	1 446,9	10 229[2]
1978	94 151	139 529	291,9	58 078,2	32 156,3	63,4	2 913,6	1 676,0	11 728[2]

1 Im jeweiligen Studienjahr.

2 Einschließlich Konzert- und Gastspieldirektionen sowie Filmtheater.

Quelle: Zusammengestellt nach: Statistisches Jahrbuch der DDR 1979, Berlin 1979, S. 34, 295, 306, 308, 310, 315, 318, 325.

Tabelle 24

Durchschnittlicher täglicher Zeitaufwand je Person in Arbeiter- und Angestelltenhaushalten für ausgewählte Freizeittätigkeiten nach dem jeweils höchsten Bildungsabschluß
(in Stunden und Minuten)

Bildungsabschluß	Freizeit insgesamt	darunter: persönliche Bildung und Qualifizierung[1]	gesellschaftliche Tätigkeit	aktive Sportausübung	Empfang von Fernseh- und Rundfunksendungen	Lesen
Ohne einen der genannten Abschlüsse	3:32	0:01	0:10	0:03	1:31	0:16
10. Klasse/ Abitur	4:13	0:12	0:12	0:11	1:17	0:22
Facharbeiter/ Meister	3:37	0:03	0:13	0:05	1:30	0:17
Hochschul-/Fachschulabschluß	3:58	0:07	0:21	0:06	1:14	0:24

1 Ein wesentlicher Teil der Qualifizierung liegt außerdem in der Arbeitszeit.

Quelle: Staatliche Zentralverwaltung für Statistik, Ergebnisse der Zeitbudgeterhebung 1974 in Haushalten von Arbeitern und Angestellten, Berlin 1975.

So positiv die zunehmende geistige Regsamkeit und gesellschaftliche Aktivität zu Lasten des passiven Konsums kultureller Leistungen bei wachsendem Bildungsniveau auch einzuschätzen ist, geben das Gefälle und die Unterschiede in der Freizeitgestaltung und -nutzung in Abhängigkeit vom Bildungsstand doch zu denken. Aufmerksam zu verfolgen sind auch sich abzeichnende Tendenzen einer weiteren Differenzierung im Qualifikationsniveau der Werktätigen. Diese Tendenz wird noch durch die in diesen Angaben nicht enthaltenen Qualifizierungsmaßnahmen während der Arbeitszeit verstärkt. Hoch- und Fachschulabsolventen wenden hierfür sechsmal mehr Zeit auf als ohne einen Abschluß Tätige. Allerdings ist bei dem letztgenannten Personenkreis der Zeitaufwand für den Besuch von Schulen höher, was den geschilderten Trend wieder abschwächt. Eine verminderte aktive Teilnahme am geistig-kulturellen Leben und das Brachliegen von Potenzen zur raschen Bewältigung der umfassenden Aufgaben des wissenschaftlich-technischen Fortschritts in der entwickelten sozialistischen Gesellschaft führte auch zu Störungen in der harmonischen Persönlichkeitsentwicklung. Gerade im weiteren Freisetzen und Entfalten der schöpferischen Elemente der sozialistischen Persönlichkeit und ihrer Anwendung und Nutzung in der gesellschaftlichen Praxis liegt aber einer der grundlegenden und wesenseigenen Vorzüge des Sozialismus begründet. Entsprechende Maßnahmen dienen so im Sinne der Schaffung und möglichen Nutzung der zeitlichen Bedingungen für die Persönlichkeitsentfaltung auch der weiteren Herausbildung und Befriedigung anspruchsvoller Bildungs- und Kulturbedürfnisse, die von der Arbeitskultur über die Gestaltung der Lebensumwelt bis hin zu den Künsten und zu eigenschöpferischen Betätigung reichen. Verbunden damit ist die systematische Vertiefung der Breitenbasis von Bildung und Kultur. Die Formen hierbei sind vielfältig und individuell gesehen von verschiedenem Wert, was es bei der Vervollkommnung der materiell-technischen Bedingungen zu beachten gilt. Diese in den vorliegenden Zeitkennzahlen enthaltenen Informationen - nicht zuletzt auch über die Verteilung bestimmter Tätigkeiten auf die einzelnen Wochentage -, wie die Gesellschaft arbeitet und lebt, vermitteln Aussagen, deren Gehalt für die weitere Gestaltung der materiell-technischen Basis bedeutungsvoll ist. Die bereits im laufenden Fünfjahrplanzeitraum vorgesehene Schaffung größerer Möglichkeiten zur bildungsmäßigen und kulturellen Betätigung der Bevölkerung fördert derartige Verhaltensweisen und wird ein weiteres Ansteigen des Anteils am gesamtgesellschaftlichen Zeitfonds für diesen Bedürfniskomplex bewirken.

2.2.6. Bedürfniskomplex Verkehr und Kommunikation

In der Zeitbilanz dieses Bedürfniskomplexes stehen sich als Hauptbestandteile 14 % Produktionszeit und 84 % Konsumtionszeit gegenüber (vgl. Tabelle 25).

Tabelle 25

Struktur des gesellschaftlichen Arbeitszeitaufwandes und des Zeitaufwandes der privaten Haushalte für den Bedürfniskomplex Verkehr und Kommunikation in der DDR (in %)

Reproduktionszeit	Bereiche der gesellschaftlichen Arbeit	Bereich der privaten Haushalte	Summe
Zeitaufwand für die Produktion	14	-	14
Zeitaufwand für die Zirkulation	2	-	2
Zeitaufwand für die Konsumtion	-	84	84
Insgesamt	16	84	100

Quelle: Im Zentralinstitut für Wirtschaftswissenschaften der Akademie der Wissenschaften der DDR durchgeführte Berechnungen.

Durch die weitere Vergesellschaftung von Produktion und Arbeit, durch die wissenschaftlich-technische Revolution und durch die Veränderungen im Charakter der Arbeit wachsen die Anforderungen an die geistige und physische Mobilität des Menschen. Mit ihnen ergeben sich neben den Bildungs- und kulturellen Ansprüchen vor allem neue Anforderungen an das Verkehrs- und Nachrichtenwesen und an die Stadt- und Wohngebietsentwicklung.

Diese zunehmende Mobilität der Berufstätigen zeigt sich teilweise in den beschleunigt wachsenden Leistungen des Berufsverkehrs, die von 1960 bis 1978 für Bahn und Kraftverkehr zusammen um 81 % zunahmen (nach Personenkilometern; ohne städtischen Nahverkehr, dessen Leistungen mit etwa 7 % sich nur gering erhöhten), während die Anzahl der beförderten Personen um 51 % und die der Berufstätigen sogar nur um etwa 8 % stieg.[74] Diese Zunahme trat ein, obwohl auch der Individualverkehr immer größere Anteile am Berufsverkehr hatte; denn der Pkw-Bestand je 100 Haushalte wuchs bis 1978 von 3,2 auf 34,1.[75] Diese wachsende Mobilität ist vor allem eine Folge der durch die weitere Vergesellschaftung und Konzentration von Produktion und Arbeit tendenziell zunehmenden und zurückzulegenden Entfernungen und wirkt sich auf die täglich aufzuwendenden arbeitsgebundenen Wegezeiten aus. Mit einer erheblich gestiegenen Mobilität der Arbeitskräfte ist somit auch in der sozialistischen Landwirtschaft im Zusammenhang mit der dortigen Industrialisierung und Vergesellschaftung zu rechnen, wenn es sich dabei auch vorwiegend um innerbetriebliche Transport- und Verkehrsleistungen handelt.

Eine augenscheinliche Beziehung der Vergrößerung des Industriepotentials der Städte, vor allem in den Südbezirken der DDR, besteht mit der sich verändernden Standortverteilung der spezialisierten Arbeitsstätten zu den Wegezeiten zwischen Wohnung und Betrieb, deren Ausmaß bei sonst gleichbleibenden Bedingungen sich erhöht. Das belegen Zeitbudgetuntersuchungen. Inwiefern von dieser Tendenz in erster Linie männliche Arbeitskräfte betroffen sind, kann nicht mit absoluter Sicherheit beantwortet werden. Die arbeitsgebundene Zeit weiblicher Berufstätiger ist täglich um 15 Minuten kürzer als die ihrer männlichen Kollegen. Das könnte als Ausdruck dafür gewertet werden, daß Frauen aus zeitlichen Gründen vorrangig einer beruflichen Tätigkeit in der Nähe ihrer Wohnung und/oder dort befindlicher Versorgungs- und Betreuungseinrichtungen nachgehen, daß folglich damit die Nutzung und Anwendung der erworbenen Qualifikation oft erst in zweiter Linie die Wahl des Arbeitsortes und -platzes bestimmen. Unterstützt wird diese Annahme auch durch den Umstand, daß beim Übergang zur Teilzeitbeschäftigung und innerhalb der Teilzeitbeschäftigung mit abnehmender Dauer die Wegezeiten von einer deutlichen Reduzierung begleitet sind. Es handelt sich hierbei um Einflüsse der materiell-gegenständlichen Bedingungen der gesellschaftlichen Entwicklung und deren Standortverteilung, die tief in die Lebensumstände der Menschen eingreifen und selbst Fragen der realen Gleichberechtigung von Mann und Frau berühren.

Eine Analyse der Zeitverwendung nach den 15 Bezirken der DDR läßt keine signifikanten Unterschiede erkennen und weist auf keine regionalen Gesetzmäßigkeiten hin. Der aus der steigenden Bevölkerungsdichte und Konzentration der Produktion in Nord-Süd-Richtung vermutete Einfluß hat sich nicht bestätigt. Die Herausbildung sozialistischer Arbeits- und Lebensbedingungen erfolgt in allen Bezirken gleichmäßig und einheitlich. Abweichungen in der Zeitverwendungsstruktur sind in dieser Abstraktionsstufe und den konkreten Verhältnissen in der DDR daher nicht zu erwarten. Anders verhält es sich, wenn man Zeitbudgetdaten nach Gemeindegrößenklassen gruppiert. Hierbei werden sowohl in positiver wie in negativer Hinsicht Unterschiede vor allem in der Wirksamkeit der technischen und sozialen Infrastruktur sichtbar. Tabelle 26 gibt einen umfassenden Überblick über die Zeitverwendung der Bevölkerung

Tabelle 26

Durchschnittlicher täglicher Zeitaufwand je Person in Arbeiter- und Angestelltenhaushalten nach Gemeindegrößenklassen (in Stunden und Minuten)

Tätigkeit	Unter 2 000 Einwohnern	2 000 bis unter 10 000 Einwohnern	10 000 bis unter 50 000 Einwohnern	50 000 bis unter 100 000 Einwohnern	100 000 Einwohner und darüber
Arbeitszeit	5:03	5:03	5:16	5:14	4:51
Besuch von Schulen	0:10	0:12	0:15	0:11	0:16
Arbeitsgebundene Zeit	0:56	0:52	0:54	0:55	0:58
Hauswirtschaftliche Tätigkeiten	3:56	3:41	3:28	3:21	3:21
darunter:					
Einkaufszeiten	0:18	0:22	0:25	0:24	0:26
Pflege und Betreuung zum Haushalt gehörender Personen	0:27	0:27	0:23	0:22	0:23
Befriedigung physiologischer Bedürfnisse	10:06	10:06	10:04	10:07	10:20
Freizeit	3:23	3:40	3:40	3:50	3:52

Quelle: Staatliche Zentralverwaltung für Statistik, Ergebnisse der Zeitbudgeterhebung 1974 in Haushalten von Arbeitern und Angestellten, Berlin 1975.

nach Gemeindegrößenklassen. Der mit der Siedlungsgröße verbundene und zu beachtende zunehmende Zeitaufwand für die Befriedigung physiologischer Bedürfnisse korrespondiert offensichtlich mit der abnehmenden Arbeitszeit, die durch nebenberufliche Arbeiten, meist agrarischer Natur, in den Gemeinden und Kleinstädten beeinflußt sein dürfte. Der Arbeitszeitrückgang steht auch mit der bei besonderer Belastung gesetzlich verankerten Arbeitszeitverkürzung (zum Beispiel bei Schichtarbeit) im Zusammenhang, wofür der Konzentrationsprozeß vor allem in Großstädten eine höhere Wahrscheinlichkeit für ihr Auftreten bietet. Die wachsende Freizeit könnte vor allem als Ausdruck der arbeitserleichternden Wirkung der Technik sowie der höheren Ausstattung je Einwohner mit infrastrukturellen Einrichtungen und deren dichteren Netzes in den Groß- und Mittelstädten interpretiert werden. Eine bessere Ausstattung mit Dienstleistungseinrichtungen und deren verbreitete Inanspruchnahme tritt insbesondere in den Städten über 50 000 Einwohnern auf. Hier wird ein um mehr als eine halbe Stunde täglich geringerer Zeitaufwand für die hauswirtschaftlichen Tätigkeiten gegenüber dem entsprechenden Zeitaufwand in Gemeinden mit weniger als 2 000 Einwohnern nachgewiesen. Auch in qualitativer Hinsicht zeigt sich durch die in ähnlicher Größenordnung wachsende Freizeit die Bedeutung der Umwandlung von arbeitsfreier Zeit in Freizeit und die Rolle des Ausbaus der diesen Prozeß tragenden Bereiche der Volkswirtschaft. Diese erhebliche Verringerung des täglichen Zeitaufwandes für hauswirtschaftliche Tätigkeiten insgesamt ist um so bemerkenswerter, weil die Einkaufszeiten als eine ihrer Bestandteile mit der Siedlungsgröße ansteigen. Die als potentielle Zeitreserve anzusehenden Wegezeiten (Arbeitswege, Wege zum Aufsuchen gesellschaftlicher Einrichtungen, Wegezeiten bei der Freizeitgestaltung) sind trotz einer weiteren gewissen Ausdehnung der Entfernungen weitgehend von der Leistungsfähigkeit des Verkehrswesens abhängig und müssen vor allem durch eine Verbesserung des Berufsverkehrs in der Perspektive eingeschränkt werden. Leistungsfähige, schnelle öffentliche Transportmittel führen selbst bei einer hohen und weiter ansteigenden Ausstattung der Haushalte mit Fahrzeugen zu einer zeitlichen Entlastung und könnten so zu einer echten Alternative werden. Bei den geplanten materiell-technischen Maßnahmen der Städte- und Gebietsentwicklung lassen sich die Ergebnisse der erarbeiteten Zeitbilanz als Bestandteil ökonomischer Entscheidungsvarianten nutzen und können ihrer

Funktion als informative Berechnungszahlen mit orientierendem Charakter nachkommen.

2.3. Entwicklung der Bedürfniskomplexe und Anforderungen an volkswirtschaftliche Grundproportionen

Aus der Analyse der zeitlichen Aufwandsstrukturen sämtlicher Bedürfniskomplexe wird deutlich, wie unterschiedlich die Inanspruchnahme von gesellschaftlicher Arbeitszeit und von arbeitsfreier Zeit bei der Befriedigung der einzelnen aggregierten Bedürfnisse ist und welche außerordentlich differenzierten Anforderungen von ihnen und ihrer weiteren Entwicklung an die verfügbaren Ressourcen, an volkswirtschaftliche Grundproportionen und Verteilungsrelationen des gesellschaftlichen Gesamtprodukts und Nationaleinkommens gestellt werden. Das ist von wesentlicher Bedeutung für die daraus zu ersehenden und abzuleitenden Konsequenzen, die sich aus Veränderungen der Relation zwischen Arbeitszeit und arbeitsfreier Zeit, aus der Rationalisierung der arbeitsfreien Zeit, aus wachsender, sinnvoll genutzter Freizeit sowie aus tendenziell zu erwartenden Veränderungen in der gesellschaftlichen Bedürfnisstruktur, insbesondere einer relativ schnelleren Zunahme der Bedürfnisse von höherer Rangordnung ergeben.

Mit dem höheren Anteil geistig-schöpferischer Elemente im Arbeitsprozeß nehmen bewegungsärmere und stärker nervenbeanspruchende Tätigkeiten zu. Das ist mit Konsequenzen für die Ernährung, die Gesunderhaltung, die Freizeitgestaltung, für Sport, Erholung usw. und die Schaffung demgemäßer materiell-technischer Voraussetzungen in den produzierenden und nichtproduzierenden Bereichen der Volkswirtschaft verbunden. Die sich damit verändernden Freizeitbedürfnisse ziehen ihrerseits wiederum neue Ansprüche an spezifische Formen und an das Niveau der Befriedigung vieler anderer Bedürfnisse nach sich. Für die langfristige Planung und Gestaltung der gesellschaftlichen Reproduktion und deren Effektivität und für die weitere Herausbildung der sozialistischen Lebensweise lassen sich daraus entsprechende Schlußfolgerungen ziehen. Die Analyse des derzeitigen Standes in der gesellschaftlichen Bedürfnisbefriedigung, wie sie sich in der Zeitbindung widerspiegelt, macht deutlich, daß die einzelnen Bedürfniskomplexe infolge des - am vollen Aufwand gemessenen - verschiedenartigen Bedarfs an materiellen und nichtmateriellen Produkten und Leistungen aus den Bereichen der gesellschaftlichen Arbeit unterschiedliche Anforderungen an die Verteilung der gesellschaftlichen Gesamtarbeit stellen. Gleichzeitig vermitteln sie einen Überblick, in welchem Grade arbeitsfreie Zeit für die Realisierung der Bedürfnisbefriedigung beansprucht wird.

Ein Vergleich der für die Bedürfniskomplexe aufgestellten detaillierten Zeitbilanzen zeigt die jeweiligen Besonderheiten und macht auf das unterschiedliche Ausmaß und die Richtung der Beanspruchung materieller und zeitlicher Ressourcen der Gesellschaft aufmerksam: Während sich in den Bedürfniskomplexen Ernähren und Bekleiden mit einem Zeitaufwand für die Produktion von 17 % bzw. 21 % in den Bereichen der gesellschaftlichen Arbeit dieser sich in erster Linie in Konsumgütern materialisiert, die unmittelbar verbraucht werden, sind es beim Bedürfniskomplex Wohnen sowie Verkehr und Kommunikation weniger die Ansprüche an den Konsumtionsfonds als durch die überdurchschnittliche Grundfondsintensität hohe Anforderungen an den Akkumulationsfonds, die das Ausmaß von 31 % bzw. 14 % hervorrufen. Der Komplex Bildung und Kultur ist mit seiner Bedürfnisbefriedigung im Unterschied zu anderen Bedürfniskomplexen weniger mit Aufwendungen der materiellen Produktion verflochten und ist gemeinsam mit den Bedürfnissen der gesundheitlichen Betreuung besonders an die von den nichtproduzierenden Zweigen der Volkswirtschaft vermittelte gesellschaftliche Konsumtion gebunden. Dafür sind die entsprechenden Volkswirtschaftsbereiche sehr arbeitsintensiv und benötigen vor allem einen wachsenden Anteil an hochqualifizierter lebendiger gesellschaftlicher Arbeit. Zudem gehört es zu den spezifischen Merkmalen einiger Bedürfniskomplexe, in hohem Umfang arbeitsfreie Zeit zu beanspruchen, weil die Befriedigung dieser Bedürfnisse vorrangig in der arbeitsfreien Zeit erfolgt und - wie etwa die zeitintensive Aneignung von Bildung und Kultur - hohe Anforderungen an Einsicht und Initiative jedes einzelnen stellt. Einen graphischen Überblick zu diesen Zusammenhängen, wie sie sich aus der Gesamtbilanz und den Einzelbilanzen zur Verteilung des Zeitaufwandes der Gesellschaft ergeben, vermittelt Abbildung 5. Der bei fast allen Bedürfniskomplexen auffallende hohe Zeitanteil für die Konsumtion ist das Ergebnis einer Reihe von Faktoren, zu denen (gemeinsam mit den besonders ins Gewicht fallenden physiologisch bedingten Zeitaufwendungen) vor allem die für die Gesellschaft gegenwärtig

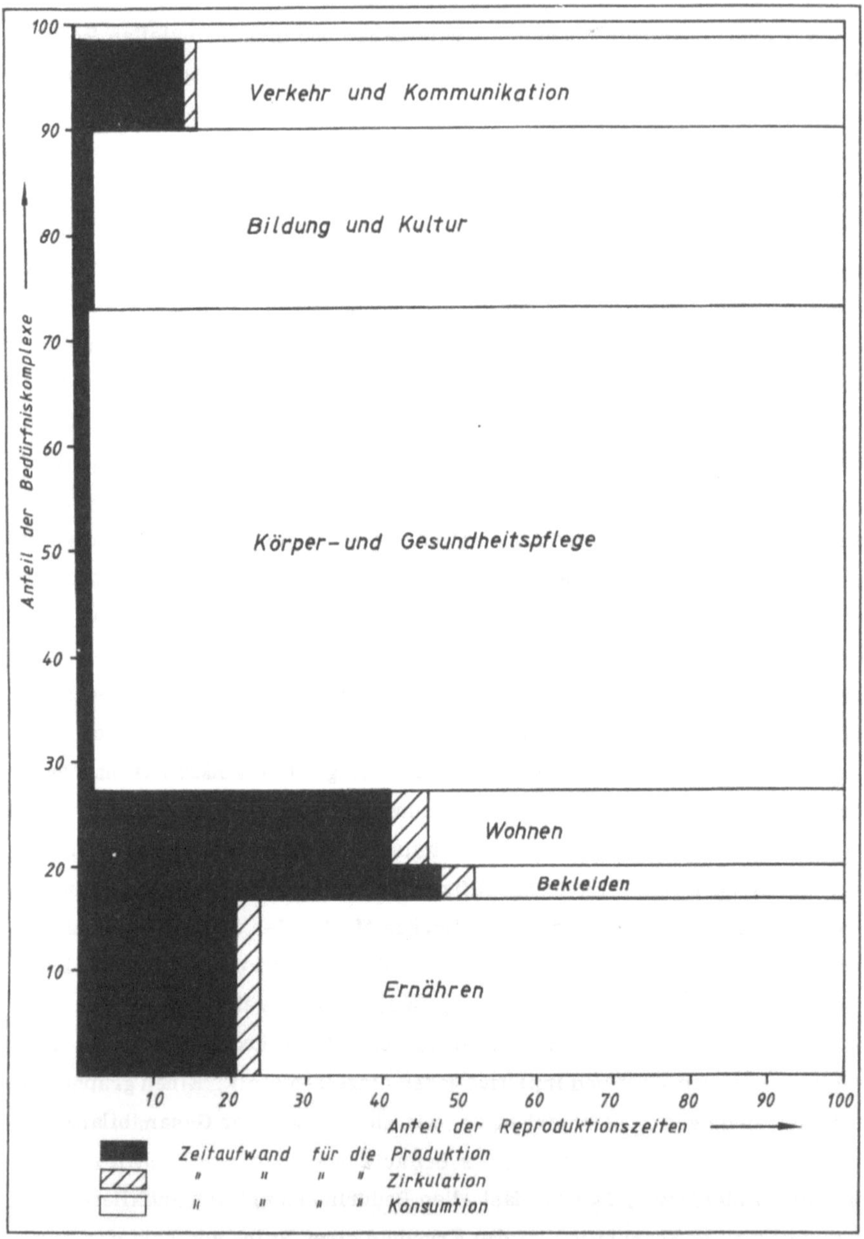

Abbildung 5: Verteilung des Zeitaufwandes der Gesellschaft nach Bedürfniskomplexen und Reproduktionszeiten in der DDR

gültige, von der Produktivkraft der Arbeit bestimmte Proportion von Arbeitszeit und arbeitsfreier Zeit zählt. Aber auch die Effektivität und der Vergesellschaftungsgrad der vor allem als Hausarbeit zu leistenden Tätigkeiten verstärken - zusammen mit den objektiv benötigten Zeiten für die Vorbereitung und Durchführung der Bedürfnisbefriedigung in der arbeitsfreien Zeit - die Tendenz der hohen konsumtiven Zeitbindung. So zeigt beispielsweise der für den Bedürfniskomplex Ernähren mit 80 % ausgewiesene Anteil für den Bereich der privaten Haushalte, mit welch relativ geringem Aufwand im gesellschaftlich organisierten Arbeitsprozeß die Gesellschaftsmitglieder ihr Ernährungsbedürfnis im Verhältnis zum Umfang der hierfür benötigten unproduktiven Hausarbeit befriedigen.[76] Mit etwa 1, 1 Mio Berufstätigen in der Landwirtschaft und der Lebensmittelindustrie werden die erforderlichen Produkte und Leistungen für Ernährungszwecke bereitgestellt, während in über 6 Mio Haushalten Tag für Tag Lebensmittel eingekauft, vor- und zubereitet, Speisen hergestellt und verzehrt sowie notwendige hauswirtschaftliche Folgearbeiten für den Bedürfniskomplex Ernähren verrichtet werden. Bereits in dieser Gegenüberstellung der Hauptbestandteile nur des direkten Aufwandes werden die ermittelten Relationen erklärbar.

Die bei der Analyse der Bedürfniskomplexe sichtbar gewordenen Unterschiede in den Konsequenzen für die Proportionalität sowie für die verschiedenartigen Quellen und Mittel der Bedürfnisbefriedigung gestatten konkretere Aufschlüsse über die Struktur des gesellschaftlichen Gesamtaufwandes in Zeiteinheiten. Vor allem konnten hierbei die unterschiedlichen Zeitaufwendungen für die zu befriedigenden Bedürfnisse getrennt für Produktion, Zirkulation und Konsumtion nachgewiesen werden. Deren Kenntnis vermittelt ebenfalls ergänzende Einsichten in zeitbezogene strukturelle und reproduktive Zusammenhänge der gesellschaftlichen Reproduktion bei der weiteren Gestaltung der entwickelten sozialistischen Gesellschaft.

Abschließend können folgende Aussagen getroffen werden: Mit komplexen Zeituntersuchungen des volkswirtschaftlichen Reproduktionsprozesses lassen sich sozialökonomische Prozesse nicht nur in ihrem zeitlichen Abbild analysieren, sondern derartige Zeitbilanzen des vollen Aufwandes sind zugleich für eine Einflußnahme und Veränderung derartiger Prozesse von Nutzen.
Die umfassende Untersuchung des gesellschaftlichen Zeithaushalts, der gesellschaftlichen Zeitbindung nach Bedürfniskomplexen und der Zeitverteilung

auf die Reproduktionsphasen ermöglicht es, die volkswirtschaftliche Intensivierung in ihrer Gesamtheit voranzutreiben und dazu beizutragen, den Nutzeffekt der verausgabten gesellschaftlichen Gesamtarbeit koordiniert zu vergrößern, indem sie auch weiterreichende Möglichkeiten ihres planmäßigen Zusammenwirkens erschließt. Im Vordergrund der durchgängigen Intensivierung des gesamten Reproduktionsprozesses steht, wie schon mehrfach erwähnt, eine verbesserte Ergiebigkeit der in der materiellen Produktion geleisteten Arbeit. Sie stellt die Grundlage jeglichen gesellschaftlichen Fortschritts dar und beeinflußt mit ihrer zentralen Stellung maßgeblich die Entwicklungsmöglichkeiten aller weiteren volkswirtschaftlichen Bereiche und funktionalen Zeitbestandteile der Gesellschaft.

Die durch zeitökonomische Analysen der gesellschaftlichen Reproduktion mit Zeitbilanzen erfolgte Erfassung der Zeitbindung in ihren Proportionen zielt auf Zeitersparnis und zweckmäßige Zeiteinteilung im erwähnten Marxschen Sinne ab. Damit sichtbar werdende und nutzbar zu machende Effektivitätsreserven zur Durchsetzung einer umfassenden Zeitökonomie beziehen sich vorrangig auf den Gesamtumfang der für Produktion und Reproduktion verausgabten Aufwendungen in Zeiteinheiten, aber auch auf die Relationen der Zeitbindung in den Phasen des Reproduktionsprozesses. Unter diesen gesamtgesellschaftlichen Gesichtspunkten kann es unter Umständen zweckmäßig sein, den gesellschaftlichen Arbeitsaufwand in einem Glied des gesellschaftlichen Reproduktionsprozesses zu erhöhen, um anderweitig eine relativ größere Einsparung zu erzielen.

Untersuchungen und Analysen der Zeitaufwendungen der Gesellschaft insgesamt und nach Bedürfniskomplexen bieten die Möglichkeit zur komplexen, durchgängigen Erfassung, Darstellung und Beurteilung von makroökonomischen Prozessen des gesamtgesellschaftlichen Reproduktionsprozesses. Diese Möglichkeit des Erfassens der zeitlichen Gesamtbelastung der Gesellschaft im gesellschaftlich organisierten Arbeitsprozeß und in der arbeitsfreien Zeit und damit im gesamten Reproduktionsprozeß bieten die aufgestellten Zeitbilanzen. Damit unterscheiden sie sich in der Hauptsache von allen anderen Bilanzen der volkswirtschaftlichen Gesamtrechnung.

Grundlegende Zusammenhänge der Struktur, Proportionalität und Effektivität des volkswirtschaftlichen Reproduktionsprozesses können über die quantifizierte Darstellung des vollen Zeitaufwandes der Gesellschaft sichtbarer und konsequenter dem Gesichtspunkt der Bedürfnisbefriedigung als Ausgangspunkt und Maßstab planmäßiger Strukturgestaltung angepaßt werden. Da die ermittelten Proportionen der gesellschaftlichen Zeitverwendung nicht nur ökonomische, sondern auch sozialökonomische, die Lebensweise der Gesellschaft charakterisierende Tatbestände zum Ausdruck bringen und reproduktive Zusammenhänge vermitteln, lassen sich für geplante Veränderungen Schlüsse auf Umfang und Art der dafür einzusetzenden Ressourcen, Mittel und Quellen sowie auf die dafür vorhandenen zeitlichen Potenzen ziehen. Auftretende Widersprüche, die sich auf der Ebene der Gesellschaft in der reproduktiven Beanspruchung und Nutzung der Zeit herausbilden können, schaffen neue Probleme für eine effektive Strukturgestaltung bei der Planung des volkswirtschaftlichen Reproduktionsprozesses und können beispielsweise für spezifische Entwicklungsrichtungen und Anwendungsbereiche bei der Durchsetzung des wissenschaftlich-technischen Fortschritts von größter Bedeutung sein. Die wachsende ressourcenmäßige und zeitliche Beanspruchung durch langfristige Prozesse und Faktoren engt die zeitlichen Spielräume ebenso wie die materiellen Möglichkeiten für die Anpassung der gegebenen Strukturen an neu entstehende und sich erweiternde Bedürfnisse ein. Daraus erwächst die Gefahr zunehmender Disproportionen zwischen zeitlichen und materiellen Möglichkeiten von Strukturveränderungen und den Erfordernissen der Bedürfnisbefriedigung. Das um so mehr, als der Spielraum für eine Umverteilung der Ressourcen (besonders Arbeitskräfte und Investitionen) relativ begrenzt ist. In einer Fünfjahrplanperiode können nach vorsichtigen Schätzungen etwa 20 bis 25 % der Ressourcen im Rahmen der Volkswirtschaft neu verteilt werden, während der Großteil an die bestehenden Strukturen gebunden ist.[77] Unter den gegenwärtigen Reproduktionsbedingungen erscheint selbst dieser Prozentsatz von jährlich etwa 4 % eher noch als zu hoch beziffert. Die umfassende Durchsetzung der Ökonomie der Zeit unter Verwendung von Zeitkategorien und -bilanzen auf der Ebene des gesamtvolkswirtschaftlichen Reproduktionsprozesses erscheint in diesem Zusammenhang als Bedingung auch für eine langfristige Lösung des Problems der quantitativ hochgradigen Auslastung des der sozialistischen Gesellschaft insgesamt zur Verfügung stehenden Arbeitszeitfonds sowie der zeitlich angespannten Situation in der arbeitsfreien Zeit jedes einzelnen durch Erhöhung der gesellschaftlichen Arbeitsproduktivität und durch Rationalisierung der Hausarbeitszeit. Denn die gesetzmäßig wachsenden Bedürfnisse können nur dann ausreichend befriedigt werden, wenn die sozialistische Gesellschaft für den anzustrebenden Zuwachs in der Bedürfnisbefriedigung in ausreichendem Maße über weiterverwendungsfähige Zeitressourcen verfügt. Die Gewinnung solcher verfügbarer Zeit bildet eine notwendige Voraussetzung für den weiteren Ausbau der materiell-technischen Basis und für die Durchführung damit verbundener Strukturveränderungen ebenso wie für die dazu erforderliche Erhöhung der volkswirtschaftlichen Akkumulationskraft.

Ein für die weitere gesellschaftliche Entwicklung charakteristischer Aspekt der Untersuchung und Gestaltung des Reproduktionsprozesses und seiner Effektivität ergibt sich aus der Verflechtung von ökonomischen und sozialen Belangen. Mit der heutigen Verteilung und Effektivität der gesellschaftlichen Arbeit, mit der gegenwärtigen Gestaltung des Reproduktionsprozesses und seiner Effektivität sind infolge der hochgradigen, in der Tendenz zunehmenden langfristigen Ressourcenbindung und der relativen Inelastizität des Reproduktionsprozesses die konkreten Formen der Bedürfnisbefriedigung und damit die Lebensweise der Gesellschaftsmitglieder über entsprechende Zeitspannen hinweg mehr oder weniger determiniert. Die kausalen Zusammenhänge zwischen der Produktion und der Konsumtion spielen dabei eine große Rolle. Die Entwicklung solcher und weiterer langfristig wirkender Faktoren muß schon heute in ihrem konkreten Inhalt durch entsprechende Investitionen und andere Strukturentscheidungen auf die künftige Lebensweise der Gesellschaft orientiert sein. Das erscheint denkbar auf dem Wege einer gesamtgesellschaftlichen Effektivitätsanalyse unter Verwendung von Zeitkategorien, da so auf die Dauer eine den gesellschaftlichen Zielstellungen entsprechende planmäßige gesellschaftlich zweckmäßige Zeiteinteilung und -verteilung möglich ist und außerdem gesamtgesellschaftliche Effektivitätsreserven erschlossen und genutzt werden können. Zeitökonomische Analysen lassen sich so bei der Aufstellung von komplexen Programmen der gesellschaftlichen Entwicklung in der langfristigen Planung nutzen und können mit ihrer Bedürfnisbezogenheit und einheitlichen zeitlichen Aufwandsrechnung für den gesellschaftlich organisierten Arbeitsprozeß und gleichzeitig für die individuelle Sphäre die gegenwärtig vorherrschende institutionelle Planung der Herstellung, Verteilung und des Verbrauchs von Konsumgütern und Leistungen ergänzen.

Durch vertiefende Forschungsarbeiten zu den mit Zeitbilanzen berechneten Proportionen des gesamtgesellschaftlichen Reproduktionsprozesses, vor allem durch die Aufstellung und Analyse weiterer spezieller Zeitbilanzen zur Arbeitszeit, zur Hausarbeitszeit, zur Freizeit sollte empirisch und theoretisch noch gründlicher in diesen Fragenkomplex eingedrungen werden. Auch sind die vorgelegten Berechnungen und erarbeiteten Zeitbilanzen weiter zu vervollkommnen, um insgesamt quantifizierbares Wissen und theoretische Verallgemeinerungen zu erweitern. Die vorgenommenen Untersuchungen und Analysen der Proportionen des gesamtgesellschaftlichen Zeitaufwandes im Reproduktionsprozeß der DDR bieten eine Möglichkeit, dem Wirken des Gesetzes der Ökonomie der Zeit im Sozialismus einen entsprechenden quantitativen Ausdruck zu verleihen, seine bewußte Ausnutzung für die sozialistische Gesellschaft wirksam zu fördern und mit den aufgezeigten theoretischen Fragestellungen und Lösungswegen den wissenschaftlichen Meinungsstreit zum vordringlichen Problem der Erhöhung der Effektivität des sozialistischen Reproduktionsprozesses anzuregen. Die Lösung dieser wirtschaftlichen Schwerpunktaufgabe einer umfassenden Leistungssteigerung kann durch den quantifizierten Nachweis entsprechender Ansatzpunkte in komplexen und detaillierten Zeitbilanzen in enger Koordinierung mit der Verwirklichung der grundlegenden sozialökonomischen Zielsetzungen planmäßig gefördert und zielstrebig vorangetrieben werden. Eine hocheffektive Verteilung der gesellschaftlichen Gesamtarbeit auf die verschiedenen Phasen des Reproduktionsprozesses und auf die Bereiche und Zweige der Volkswirtschaft wird im direkten Zusammenhang mit der Realisierung des Ziels erreichbar, demzufolge alle notwendigen Voraussetzungen für die höchste Wohlfahrt und die freie, allseitige Entwicklung aller Mitglieder der Gesellschaft, für die volle Aufdeckung all ihrer Fähigkeiten, Anlagen und Talente zu schaffen sind.[78]

Die Erfassung sämtlicher mit der intensiv erweiterten Reproduktion der sozialistischen Gesellschaft verbundenen Zeitaufwendungen und die Analyse ihrer Proportionen als Grundlage für die Durchsetzung einer umfassenden Ökonomie der Zeit sollen hierbei einen Beitrag leisten.

Anmerkungen

1 Stellvertretend für Publikationen zur Zeitproblematik in jüngster Zeit stehen: H. Hanke, Freizeit in der DDR, Berlin 1979; Lilo Steitz, Freizeit - freie Zeit?, Berlin 1979.

2 Vgl. hierzu insbesondere: V.D. Patrušev, Vremja kak ėkonomičeskaja kategorija, Moskva 1966; V.J. Bolgov, Bjudžet vremeni pri socializme, Moskva 1973; Autorenkollektiv, Das materielle und kulturelle Lebensniveau des Volkes und seine volkswirtschaftliche Planung, Berlin 1975.

3 Vgl. Helmut Koziolek, Reproduktion und Nationaleinkommen. Probleme und Zusammenhänge, Berlin 1979, insbesondere S. 219 ff.

4 Vgl. Karl Marx, Grundrisse zur Kritik der politischen Ökonomie, Berlin 1953, S. 89.

5 Vgl. Karl Marx, Theorien über den Mehrwert, Dritter Teil, in: Karl Marx/Friedrich Engels, Werke (im folgenden MEW), Bd.26.3, Berlin 1968, S. 252.

6 Karl Marx, Grundrisse zur Kritik der politischen Ökonomie, Berlin 1953, S. 87.

7 Zur umfassenden Durchsetzung der Zeitökonomie sind auch die Erzeugung qualitativ verbesserter und zeitsparender Produktions- und Konsumtionsmittel sowie Leistungen zu zählen, weil davon objektiv Quantität und Qualität der Arbeitszeit im gesellschaftlich organisierten Arbeitsprozeß, Zeitaufwendungen in der arbeitsfreien Zeit und Nutzeffekt der Freizeit maßgeblich mitbestimmt werden.

8 Karl Marx, Das Kapital, Erster Band, in: MEW, Bd. 23, Berlin 1962, S. 60.

9 Karl Marx, Theorien über den Mehrwert, Dritter Teil, in: MEW, Bd. 26.3, Berlin 1968, S. 252.

10 Karl Marx, Grundrisse zur Kritik der politischen Ökonomie, Berlin 1953, S. 89.

11 Vgl. hierzu die Instruktionen K. Marx' für die Delegierten des Zentralrats über 8 Arbeitsstunden als gesetzliche Schranke des Arbeitstages aus dem Jahre 1867 und das am 4. Tag nach dem Sieg der Großen Sozialistischen Oktoberrevolution erlassene Dekret der Sowjetregierung über den Achtstundentag.

12 Der wissenschaftliche Meinungsstreit um den Begriffsinhalt der Kategorie Freizeit ist noch nicht abgeschlossen. Für die vorliegende volkswirtschaftliche Analyse des Reproduktionsprozesses wurde die Freizeit als Teil der arbeitsfreien Zeit im Sinne der von der Staatlichen Zentralverwaltung für Statistik für die Planung, Rechnungsführung und Statistik benutzten Definition verwendet.

13 Zeit und Zeitfaktor spielen in vielfältiger Hinsicht eine Rolle für das ökonomische Wachstumstempo, für damit verbundene Grundproportionen und Effektivitätsrelationen, wie beispielsweise die Beziehungen zwischen notwendiger Arbeitszeit und Mehrarbeitszeit, die Zusammenhänge von Produktions- und Zirkulationszeit, von Umschlags- und Umlaufzeit, von Investitionszeit und Rückflußdauer der Investitionen, von Forschungs- und Entwicklungs- sowie Überleitungszeiten und nicht zuletzt auch für die zeitlichen Auslastungen der Produktions- und anderen Grundfonds.

14 Eine weitere wesentliche Ursache für eine einheitliche zeitökonomische Analyse und Entwicklung von Arbeitszeit und arbeitsfreier Zeit besteht darin, daß auch in der sogenannten arbeitsfreien Zeit aus verschiedenen Gründen und in unterschiedlichen Formen Arbeit als verausgabte Hirn- und Muskelkraft geleistet wird.

15 Aus solchen bekannten ökonomischen Größen wie dem Mehrprodukt oder dem Akkumulationsfonds kann die Größe der benötigten Zeitmengen nicht abgeleitet werden, denn die Verfügbarkeit des Mehrprodukts wie auch des Akkumulationsfonds ist durch die verschiedensten, teilweise sehr langfristigen Bindungen von Faktoren und Strukturen des Reproduktionsprozesses quantitativ und qualitativ bereits mehr oder weniger stark eingeschränkt.

16 Vgl. Otto Reinhold, Die Arbeit in unserem Leben, in: Einheit, 9/1980, S. 870 - 877.

17 Vgl. Karl Marx, Grundrisse zur Kritik der politischen Ökonomie, Berlin 1953, S. 89.

18 Ebenda, S. 599.

19 Das muß beispielsweise auch bei den Ergebnissen einer Untersuchung vom Institut für Ökonomie und Organisation der Industrieproduktion der Sibirischen Abteilung der Akademie der Wissenschaften der UdSSR in Rechnung gestellt werden. Es wurde versucht, in einer vergleichenden internationalen Analyse quantifiziert den Zusammenhang zwischen der Höhe der Freizeit und der des Nationaleinkommens als konzentriertem Ausdruck der gesellschaftlichen Produktivkraft der Arbeit einer Gesellschaft nachzuweisen (vgl. V.A. Artemov, B. P. Kutjrev, V.D. Patrušev, Svobodnoje vrema: Problemy i perspectivj, in: Bjudžet vremeni i ego ispol'zovanije v rešenii gradostroitel'nych problem i planirovanija zilišča, (Materialien der Konferenz "Zeitbudget und sozialökonomische Planung"), Novosibirsk 1969, Heft 2, S. 5.

20 Erich Honecker, Gestaltung der entwickelten sozialistischen Gesellschaft. Aufgabe von historischer Größe, in: Einheit 7-8/1978, S. 679.

21 Berechnet nach: Statistisches Jahrbuch der DDR 1979, Berlin 1979, S. 16, 74.

22 Berechnet nach: Ebenda, S. 122.

23 Karl Marx, Das Kapital, Dritter Band, in: MEW, Bd. 25, Berlin 1964, S. 828.

24 Ebenda, S. 827.

25 Ebenda.

26 Ebenda.

27 Karl Marx, Theorien über den Mehrwert, Dritter Teil, in: MEW, Bd. 26.3, Berlin 1968, S. 253.

28 Ebenda.

29 Vgl. folgende Quellen:
- Für die durchschnittliche wöchentliche Arbeitszeit:
  Gesetz über die Verkürzung der Arbeitszeit vom 19. Januar 1957, in: Gesetzblatt der DDR, Teil I, Nr. 8, Berlin, den 26. Januar 1957, S. 73 - 74.
  Verordnung über die "5-Tage-Arbeitswoche für jede zweite Woche" und die Verkürzung der Arbeitszeit vom 22. Dezember 1965, in: Gesetzblatt der DDR, Teil II, Nr. 134, Berlin, den 23. Dezember 1965, S. 897 - 902.
  Verordnung über die durchgängige 5-Tage-Arbeitswoche und die Verkürzung der wöchentlicher Arbeitszeit bei gleichzeitiger Neuregelung der Arbeitszeit in einigen Wochen mit Feiertagen vom 3. Mai 1967, in: Gesetzblatt der DDR, Teil II, Nr. 38, Berlin, den 9. Mai 1967, S. 237 - 241.
  Verordnung über die Einführung der 40-Stunden-Arbeitswoche und die Erhöhung des Mindesturlaubs für vollbeschäftigte werktätige Mütter mit mehreren Kindern vom 10. Mai 1972, in: Gesetzblatt der DDR, Teil II, Nr. 27, Berlin, den 29. Mai 1972, S. 313 - 314.
  Verordnung über die weitere schrittweise Einführung der 40-Stunden-Arbeitswoche vom 29. Juli 1976, in: Gesetzblatt der DDR, Teil I, Nr. 29, Berlin, den 12. August 1976, S. 375 - 386.
- Für den Grundurlaub und den Mindesterholungsurlaub:
  Gesetzbuch der Arbeit der Deutschen Demokratischen Republik vom 12. April 1961, in: Gesetzblatt der DDR, Teil I, Nr. 5, Berlin, den 17. April 1961, S. 27 - 49.
  Verordnung über die Einführung eines Mindesturlaubs von 15 Werktagen im Kalenderjahr vom 3. Mai 1967, in: Gesetzblatt der DDR, Teil II, Nr. 39, Berlin, den 11. Mai 1967, S. 253.
  Verordnung über die Erhöhung des Mindesturlaubs im Kalenderjahr vom 12. September 1974, in: Gesetzblatt der DDR, Teil I, Nr. 51, Berlin, den 16. Oktober 1974, S. 478.
  Verordnung über den Erholungsurlaub vom 28. September 1978, in: Gesetzblatt der DDR, Teil I, Nr. 33, Berlin, den 3. Oktober 1978, S. 365 - 367.

30 Betroffen sind davon:
- Arbeiten, die das ständige Tragen einer Kolloid- oder Gasfiltermaske bei Gasen, Dämpfen oder Stäuben bestimmter Stoffe erfordern,
- Arbeiten, die das ständige Tragen einer die Hautatmung behindernden Arbeitsschutzkleidung erfordern,

- Arbeiten unter höherem als atmosphärischem Druck,
- bestimmte Arbeiten, die ständig oder überwiegend bei hoher Temperatur und hoher Luftfeuchtigkeit in Verbindung mit schwerer körperlicher Arbeit ausgeführt werden müssen,
- Arbeiten unter gesundheitsgefährdender Strahleneinwirkung,
- Arbeiten unter erhöhter Infektionsgefahr,
- Arbeiten, die mit einer außergewöhnlich einseitigen Belastung verbunden sind,
- ferner die Verkürzung der täglichen Gesamtarbeitszeit durch Einschalten mehrerer bezahlter Pausen neben der gesetzlich festgelegten Mittagspause für Beschäftigte, die ständiger Hitze- oder erheblicher Kälteeinwirkung ausgesetzt sind.

31 Ohne nebenberufliche Arbeitszeit; vgl. Statistisches Jahrbuch der DDR 1979, Berlin 1979, S. 111, 122/123.

32 Im Jahre 1979 wurden im produzierenden Bereich der Volkswirtschaft im Ergebnis gesteigerter Produktivität Arbeitszeiteinsparungen von etwa 380 Mio Stunden erreicht, was dem Arbeitsvermögen von etwa 220 000 Beschäftigten entspricht. Die hierbei auftretenden 33,2 Arbeitsstunden je Woche unterstreichen die Richtigkeit der vorgenommenen Berechnung (vgl. Wie hat uns der Wettbewerb im Jahr 1979 vorangebracht?, in: Neues Deutschland vom 29./30. Dezember 1979, S. 3).

33 Vgl. Statistisches Jahrbuch der DDR 1979, Berlin 1979, S. 339. Der Anteil der Arbeitsausfalltage infolge Krankheit an den zu leistenden Arbeitstagen entwickelte sich folgendermaßen (in %):

1967	1968	1969	1970	1971	1972	1973	1974	1975	1976
4,93	5,19	5,36	5,63	5,39	5,89	6,29	5,89	6,21	6,45

1977	1978
6,19	6,34

(1968 bis 1972 in Betrieben mit über 100 Berufstätigen; ab 1973 in Betrieben, die Geldleistungen der Sozialversicherung der Arbeiter und Angestellten auszahlen (vgl. Statistisches Jahrbuch der DDR 1970, Berlin 1970, S. 425; ebenda 1972, S. 431; ebenda 1974, S. 409; ebenda 1976, S. 385; ebenda 1979, S. 339).

34 Vgl. Wie kostbar ist eine Minute Arbeitszeit?, in: Neues Deutschland vom 13. Dezember 1979, S. 3.

35 Berechnet nach: Statistisches Jahrbuch der DDR 1979, Berlin 1979, S. 13, 15. Dabei wurde eine durchschnittliche nominelle Wochenarbeitszeit von 46 Stunden (1960), von 43 3/4 Stunden (1970) bzw. von 42 Stunden (1978) angenommen.

36 Die eingesparte Arbeitszeit in der Industrie, im Bauwesen und im Verkehr durch Maßnahmen des wissenschaftlich-technischen Fortschritts lag von 1976-1980 bei 1 664 Mio Stunden. Für 1981-1985 ist durch eine größere ökonomische Wirksamkeit der Forschungs- und Entwicklungsergebnisse eine Einsparung von 2 854 Mio Arbeitsstunden vorgesehen. (Vgl. X. Parteitag, Erfolgreicher Weg der Gestaltung der entwickelten sozialistischen Gesellschaft in der DDR, Zahlen und Fakten, April 1981, S. 37.)

37 IX. Parteitag der SED. Programm der Sozialistischen Einheitspartei Deutschlands, Berlin 1976, S. 22.

38 Karl Marx, Das Kapital, Erster Band, in: MEW, Bd. 23, Berlin 1962, S. 512.

39 Karl Marx, Grundrisse zur Kritik der politischen Ökonomie, Berlin 1953, S. 599.

40 Das müßte bei den Produzenten der Konsumtionsmittel ein beständiger Aspekt der Qualität sein, auch wenn für den Konsumenten nicht immer zeitliche Vorteile den bestimmenden Bezugspunkt bilden.

41 Vgl. Statističeskij ežegodnik stran - členov, Soveta ėkonomičeskoj vzaimopomošči, Moskva 1979, S. 441 - 443.

42 Vgl. Statistisches Jahrbuch der DDR 1979, Berlin 1979, S. 15/16 (Berufstätige ohne Lehrlinge).

43 Vgl. ebenda.

44 Vgl. ebenda, S. 16 (Berufstätige ohne Lehrlinge).

45 Vgl. ebenda, S. 14/15.

46 Berechnet nach: Ebenda, S. 218.

47 Vgl. ebenda, S. 270.

48 Vgl. Wolf D. Hartmann, Zur ökonomischen Analyse individueller Konsumtionsprozesse als einer Grundlage für die Bedürfnisforschung und die langfristige Planung, in: Wirtschaftswissenschaft, 2/1973, S. 211 - 228.

49 Auf Auswirkungen der seit 1974 vor allem im Rahmen der Verwirklichung des sozialpolitischen Programms ausgelösten zeitlichen Veränderungen für die berechneten Daten wird an den entsprechenden Textstellen eingegangen.

50 Vgl. Autorenkollektiv, Das Zeitbudget der Bevölkerung, Berlin 1971, S. 43/44.

51 Dieser für die menschliche Existenz und den gesellschaftlichen Fortschritt äußerst bedeutsame Tätigkeitskomplex wird in Zeitbudgeterhebungen summarisch ausgewiesen. Seine detaillierte Untersuchung und bedürfnisbezogene Analyse erfolgt nach den gebildeten Komplexen 2 bis 7.

52 Vgl. Gerd Knobloch, Bedürfnisbefriedigung - Produktionsstruktur - Grundproportionen, Berlin 1974, S. 38 - 47 (Forschungsberichte des Zentralinstituts für Wirtschaftswissenschaften der Akademie der Wissenschaften der DDR, Nr. 10); Gerd Knobloch/Hans Roos, Zu den sozialökonomischen Entwicklungskriterien der materiell-technischen Basis im Sozialismus, Berlin 1978, S. 65 - 111 (Forschungsberichte des Zentralinstituts für Wirtschaftswissenschaften der Akademie der Wissenschaften der DDR, Nr. 29).

53 Mit seiner Erfassung in den Produktionsstufen ist auch die Investitionstätigkeit im gesellschaftlichen Arbeitsprozeß einbezogen, und der Aufwand für die Herstellung von Investitionsgütern wurde gleichfalls nach der Endverwendung berechnet.

54 Die in den letzten Jahren vor allem wirksam gewordenen Verlängerungen der Urlaubsdauer werden in der als tägliche pro Kopfgröße in Tabelle 11 ausgewiesenen Arbeitszeit nur gering spürbar. Der seit 1979 geltende längere Erholungsurlaub um mindestens 3 Arbeitstage jährlich reduziert z.B. die ausgewiesene Arbeitszeit von 2:49 Stunden/Minuten je Einwohner nur unerheblich (etwa 1 %). Auch ist die Wirkung gegenläufiger Faktoren (Dauer der nebenberuflichen Arbeit, Überstunden) zu beachten.

55 Die Reproduktionsphase der Distribution bleibt im vorliegenden Zusammenhang unberücksichtigt, da ihre Funktion im gesellschaftlichen Reproduktionsprozeß sich nicht in verselbständigten Institutionen äußert. Das bedeutet jedoch keineswegs, daß die Zeitverwendung der Gesellschaft von der Distribution unbeeinflußt bleibt.

56 Die Verfasser sind sich bewußt, daß die hierbei gewonnenen Daten bedingten Charakter haben. Mängel in den vorhandenen Unterlagen statistisch-analytischer Natur, Probleme der Repräsentation und Unzulänglichkeiten der benutzten Methodologie lassen lediglich Tendenzen erkennen, erlauben vorsichtige Deutungen und zeigen Schwerpunkte weiterer Forschungen.

57 Die Berücksichtigung der Zeitaufwendungen für die vorwiegend physiologisch bedingten Bedürfnisse ging von den Überlegungen aus, die gesamte Zeit zu erfassen, der Bedeutung dieser Zeitelemente für die Reproduktion der Arbeitskraft gerecht zu werden und hierbei auch die empirisch nachgewiesenen steigenden Schlafenszeiten als Folge der Veränderungen im Charakter der Arbeit einzubeziehen.

58 Vgl. The Use of Time Daily Activities of Urban and Suburban Populations in Twelve Countries, hg. von Alexander Szalai, Den Haag - Paris 1972, S. 580.

59 Diese auf den vorhandenen statistisch-analytischen Unterlagen aufbauende Gliederung enthält Überschneidungen und entspricht nicht in jedem Fall theoretischen Erkenntnissen, was aber die ausgewiesenen Zeitproportionen nur wenig beeinflußt.

60 Vgl. Statistisches Jahrbuch der DDR 1979, Berlin 1979, S. 282.

61 Vgl. ebenda 1977, S. 316.

62 Vgl. ebenda 1979, S. 79.

63 Vgl. ebenda, S. 143.

64 Vgl. ebenda, S. 142.

65 Konsequent auf dem Kurs der Hauptaufgabe, in: Neues Deutschland vom 7. Juli 1978, S. 2.

66 Vgl. Statistisches Jahrbuch der DDR 1980, Berlin 1980, S. 147.

67 Vgl. Statistisches Jahrbuch der DDR 1979, Berlin 1979, S. 124.

68 Vgl. ebenda, S. 286, 336.

69 Durch die haushaltsbezogene Zeituntersuchung umfaßt der gesamte tägliche Zeitfonds alle befragten Haushaltsangehörigen und ist dementsprechend größer als 24 Stunden.

70 Berechnet nach: Statistisches Jahrbuch der DDR 1979, Berlin 1979, S. 15, 98.

71 Vgl. G. Winkler, Zu sozialen Aspekten des wissenschaftlich-technischen Fortschritts, in: Wirtschaftswissenschaft, 4/1978, S. 453.

72 Vgl. Statistisches Jahrbuch der DDR 1979, Berlin 1979, S. 165.

73 Vgl. ebenda, S. 294.

74 Berechnet nach: Ebenda, S. 15, 196, 198, 201.

75 Vgl. ebenda, S. 33.

76 Diese Tatsache schmälert in keiner Weise die bestehende Notwendigkeit der beschleunigten Produktivitätserhöhung auch in der Land- und Nahrungsgüterwirtschaft.

77 Vgl. Klaus Lommatzsch, Gesetzmäßigkeiten der Preisentwicklung - eine Grundlage für eine begründete Preisplanung, in: Wirtschaftswissenschaft, 5/1974, S. 680.

78 Vgl. W.I. Lenin, Bemerkungen zum zweiten Programmentwurf Plechanows, in: Werke, Bd. 6, Berlin 1956, S. 40.

Bisher erschienene Forschungsberichte

Heft 1
W. Keller/E. Kigyóssy-Schmidt
Hauptkennziffern der wirtschaftlichen Entwicklung der europäischen RGW-Länder 1960—1975

Heft 2
Autorenkollektiv
Zur Modellierung des volkswirtschaftlichen Reproduktionsprozesses

Heft 3
Autorenkollektiv
Probleme der Proportionalität zwischen gesellschaftlichem Arbeitsvermögen und Arbeitsplätzen

Heft 4
Autorenkollektiv
Ungarische Modelle der langfristigen Planung

Heft 5
Autorenkollektiv
Zur Reproduktion des Qualifikationsniveaus der Werktätigen

Heft 6
Autorenkollektiv
Probleme der Intensivierung des gesellschaftlichen Reproduktionsprozesses

Heft 7
A. P. Butenko
Zur Dialektik von Einheit und Interessen im sozialistischen Weltsystem

Heft 8
Autorenkollektiv
Reproduktion der natürlichen Umweltbedingungen

Heft 9
U. Ludwig
Aufwand—Nutzen—Analysen in Forschung und Entwicklung

Heft 10
G. Knobloch
Bedürfnisbefriedigung — Produktionsstruktur — Grundproportionen

Heft 11
Autorenkollektiv
Zur Entwicklung der Verteilungsstrukturen der Investitionen auf die Bereiche und Zweige der Volkswirtschaft

Heft 12
H.-D. Anders/H. Schilar/K. Schwarz
Zum Bewertungsproblem im Sozialismus

Heft 13
Autorenkollektiv
Zur Kritik gegenwärtiger bürgerlicher sozialökonomischer Theorien (Konferenzmaterial)

Heft 14
R. Schaefer/J. Wahse
Bestimmung der zukünftigen Qualifikationsstruktur der Arbeitskräfte mit Hilfe eines Regressionsmodells

Heft 15
Autorenkollektiv
Wachstum — Effektivität — Intensivierung (Konferenzmaterial)

Heft 16
Autorenkollektiv
Intensiv erweiterte Reproduktion und Sozialismus

Bisher erschienene Forschungsberichte

Heft 17

H.-D. Haustein

Messung der volkswirtschaftlichen Intensivierung
— Zur Methodologie —

Heft 18

Autorenkollektiv

Aktuelle Bedeutung der Marxschen Randglossen zum Gothaer Programm

Heft 19

H.-D. Anders/K. Schwarz

Modelle zur Ermittlung eines optimalen Verhältnisses von Akkumulation und Konsumtion

Heft 20

G. Kraft

Die Zusammenarbeit der Mitgliedsländer des RGW auf dem Gebiet der Investitionen

Heft 21

M. Wölfling

Ein ökonometrisches Modell der Volkswirtschaft der DDR

Heft 22

Autorenkollektiv

Karl Marx' Lehre von den Produktionsverhältnissen

Heft 23

E. Domin/S. Maier

Faktorenanalyse der Arbeitsproduktivität

Heft 24

Autorenkollektiv

Zu Problemen der Entwicklungstendenzen der sozialistischen Produktionsverhältnisse in der DDR

Heft 25

E.-M. Langen/R. Schaefer/J. Wahse

Der Einfluß von Mechanisierung und Automatisierung auf die Qualifikation der Werktätigen

Heft 26

A. Braun

Komplexe Effektivitätsbeurteilung der Volkswirtschaft bei Intensivierung
— Ein Beitrag zur Diskussion —

Heft 27

Autorenkollektiv

Karl Marx über das Wechselverhältnis von materiell-technischer Basis, wissenschaftlich-technischem Fortschritt und Entwicklung der Persönlichkeit

Heft 28

Autorenkollektiv

Rohstoff und Energie im gesellschaftlichen Reproduktionsprozeß und ihr Wechselverhältnis zur materiell-technischen Basis

Heft 29

G. Knobloch/H. Roos

Zu den sozialökonomischen Entwicklungskriterien der materiell-technischen Basis im Sozialismus

Heft 30

Autorenkollektiv

60 Jahre politische Ökonomie des Sozialismus

Heft 31

E.-M. Langen

Technisierungsgrad der Arbeit und Qualifikation der Produktionsarbeiter

Heft 32

M. Mehnert/Ch. Pietzsch

Intensivierungsfaktor
Materialökonomie

Heft 33

D. Graf

Ökonomische Bewertungen
der Naturressourcen
im entwickelten Sozialismus
— Ein Beitrag zu
methodologischen Grundlagen —

Heft 34

W. Telle

Modelle der Plankoordinierung
verschiedener Ebenen und Einheiten der sozialistischen
Planwirtschaft

Heft 35

M. Heydt/R. Hill/U. Ludwig

Komplexe Effektivitätsbewertung
durch Aufwand-Nutzen-Analyse

Heft 36

R. Bechmann

Zu Problemen der Wechselbeziehungen zwischen den sozialistischen Produktionsverhältnissen und anderen gesellschaftlichen Verhältnissen aus
territorialer Sicht

Heft 37

E. Gans/S. Liebe

Zu Proportionen des Zeitaufwandes der sozialistischen
Gesellschaft im Gesamtprozeß
ihrer Reproduktion in der DDR

Bei Fragen zur Produktsicherheit wenden Sie sich bitte an:
If you have any questions regarding product safety,
please contact:

Walter de Gruyter GmbH
Genthiner Straße 13
10785 Berlin
productsafety@degruyterbrill.com